《负压隔离病房建设配置基本要求》培训教材

许钟麟　武迎宏　编

中国建筑工业出版社

图书在版编目(CIP)数据

《负压隔离病房建设配置基本要求》培训教材/许钟麟，武迎宏编. —北京：中国建筑工业出版社，2010

ISBN 978-7-112-11708-6

I. 负… II. ①许…②武… III. 隔离（防疫）-病房-建筑设计-技术培训-教材 IV. TU246.1

中国版本图书馆 CIP 数据核字（2009）第 242836 号

《负压隔离病房建设配置基本要求》培训教材

许钟麟 武迎宏 编

*

中国建筑工业出版社出版、发行(北京西郊百万庄)

各地新华书店、建筑书店经销

北京华艺制版公司制版

北京市兴顺印刷厂印刷

*

开本：850×1168 毫米 1/32 印张：3⅜ 字数：98 千字

2010 年 1 月第一版 2010 年 1 月第一次印刷

定价：**20.00** 元

ISBN 978-7-112-11708-6

(18948)

本教材是为配合宣贯北京市地方标准《负压隔离病房建设配置基本要求》，组织标准的培训，并为负压隔离病房的设计、使用、维护人员提供必要的资料而编写的。

本教材包括原理、建筑、净化空调、压差控制、气流组织、设备选用、验收测定以及工程实例等内容。

由于《负压隔离病房建设配置基本要求》是国内第一份关于负压隔离病房建设标准，所以本教材既是北京市的培训教材，也可供国内设计人员、研究人员、工程建设人员、医疗行政和病房管理人员参考。

责任编辑：姚荣华　张文胜

责任设计：崔兰萍

责任校对：陈　波　王雪竹

前言

为适应防治呼吸道传染病救治的要求，新建和改建负压隔离病房势在必行。为此，由北京市医院感染管理质量控制和改进中心为主编单位编制了《负压隔离病房建设配置基本要求》DB 11/63—2009 地方标准。

为更好地宣贯该标准，传播建设、维护和验收负压隔离病房的技术和知识，特编写本教材。本教材能如此快地赶上出版、使用，应特别感谢方晓冬高工的策划、督促，潘红红工程师协助编写大纲、调整内容和打字校对，刘荣大夫的联系，也得到了中国建筑工业出版社姚荣华编审的大力支持。对他们的支持和帮助致以衷心的感谢，并希望广大读者在使用本教材时，将发现的问题和新的要求反馈给编者，以便不断改进。

目录

第1章　导　　论

2002年11月6日，首例严重急性呼吸综合症（SARS）患者在广东省佛山市被发现，2003年2月11日，第一份关于疫情暴发的正式报告提交到世界卫生组织，那时已有305人受到感染和5人因此死亡。截止到2003年8月7日，短短6个月的时间内，疫情迅速扩散到全球34个国家和地区，累计报告疑似病例8347例，916人死亡。那时，广大群众的行动自由受到限制，经济贸易活动受到严重打击，仅就远东地区而言，初步估计经济损失达到300亿美元。

从SARS（在我国被称为非典型肺炎，简称非典）的暴发流行反思医院感染控制，可以认为对传染疾病认识有以下误区；

（1）经济发达可促进传染病自然消亡，而现在威胁人类健康的主要是心脑血管疾病、肿瘤和糖尿病。

（2）传染病最终可被生物科技所征服。

（3）漠视传染病的长期存在和成为人类第一杀手的趋势。

表1-1说明，30余年来在新发现的传染病中很多的是最严重的空气传染的疾病，却未能引起广泛的、足够的重视。

1973 年以来发现的新传染病（据徐秀华） **表 1-1**

年份	病　原　体	所致疾病
1973	轮状病毒	世界范围婴儿腹泻的主要原因
1975	细小病毒 B19	5 号病，慢性溶血性贫血中的再障危象
1976	隐孢子虫	隐孢子虫病，急性小肠结肠炎
1977	埃博拉病毒	埃博拉出血热
1977	肺军团菌	军团病
1977	汉坦病毒	肾综合症出血热
1977	空肠弯曲杆菌	空肠弯曲杆菌肠炎
1977	丁型肝炎病毒	丁型肝炎
1980	人嗜 T 淋巴细胞病毒Ⅰ型	T 细胞淋巴瘤/白血病
1981	金黄色葡萄球菌产毒株	中毒性休克综合症
1982	大肠杆菌 0157，H7	出血性结肠炎
1982	伯氏疏螺旋体	莱姆病
1982	人嗜 T 淋巴细胞病毒Ⅱ型	毛细胞白血病
1983	人类免疫缺损病毒	艾滋病
1983	幽门螺旋杆菌	消化性溃疡病
1986	环孢子球虫	顽固性腹泻
1988	人疱病毒 6 型（HHV-6）	突发性玫瑰疹
1989	查非氏欧利希氏体	人欧利希氏体病
1989	丙型肝炎病毒	丙型肝炎
1990	戊型肝炎病毒	戊型肝炎
1992	巴尔通杆菌	猫抓病，杆菌性血管瘤病
1992	0139 群霍乱弧菌	0139 霍乱
1993	汉坦病毒分离株	汉坦病毒肺综合症
1995	庚型肝炎病毒	庚型肝炎
1995	Hamdra 病毒	TTV 肝炎
1997	朊毒体（prion）	人类疯牛病

续表

年份	病 原 体	所致疾病
1997	输血传播病毒（TTV）	肝炎
1998	尼派病毒	脑炎、膜脑炎
2001	汉塔病毒突变型	肺综合症积水病
2001	阿萨希比孢母菌	阿萨希比孢母菌病
2003	SARS 相关冠状病毒	传染性非典型肺炎

因此，对公共卫生防疫项目的投入锐减，全国传染病院数量减少，设备陈旧，特别是没有称得上真正是隔离病房的传染病房。就是国外，例如美国，大部分传染病医院在 20 世纪 50 年代即被关闭。

在医护人员中，对灭菌的观念虽有所增强，但对隔离的意识则大大削弱，对来自空气的传播感染已失去戒备或非常轻视。结果不仅使对传染病医疗卫生方面的科研工作薄弱，在隔离病房建设方面的科研工作则完全空白。

于是在我国被称为“非典”传染病的爆发初期，最重要而紧迫的任务是要尽快将确诊的和疑似的病人安置在隔离病房内，避免交叉感染。但是由于没有现成的标准隔离病房，只能首先宣布一些原则性规定，强制或建议采取一些临时紧急措施。

2003 年 4 月，世界卫生组织 WHO 在其修订的《医院 SARS 感染控制导则》中对 SARS 病房给出了关于负压、有卫生设施的单间、独立送排风等原则性建议。

我国建设部办公厅、卫生部办公厅于 2003 年 4 月 30 日向各省、自治区、直辖市建委、卫生局及有关部门发出

《关于做好建筑空调通风系统预防非典型肺炎工作的紧急通知》，要求在非典型肺炎收治、隔离、观察以及发现有非典型肺炎病人的场所，一律严禁使用中央空调，以阻断非典型肺炎病毒的传播途径。2003 年 5 月 5 日，卫生部公布的《传染性非典型肺炎医院感染指导原则（试行）》再次强调，医院在易于隔离的地方设立相对独立的发热门（急）诊、隔离留观室，指定收治传染性非典型肺炎的医院设立专门病区，室内与室外自然通风对流，自然通风不良者则必须安装足够的通风设施（如排气扇），禁用中央空调。同月又提出了《收治传染性非典型肺炎患者医院建筑设计要则》，做了一些最基本的原则性规定。同时发布的还有我国建设部、卫生部、科技部联合印发的《建筑空调通风系统预防“非典”确保安全使用的应急管理措施》。

另外，要求采取由普通病房改建隔离病房的措施。诸如天津第一中心医院、北京中日友好医院和香港 8 家医院（伊利莎白医院、威尔斯亲王医院、东区尤德夫人那打素医院、玛嘉烈医院、屯门医院、雅丽氏何妙龄那打素医院、联合医院和广华医院）等都进行了这种局部改造甚至是大规模的整体改建（有的改建了而未赶上使用）。当时，我国对隔离病房有最迫切的要求，而隔离病房对其建设的迫切要求又是：

（1）保护患者之外的病人、医护人员不受传染。

（2）保护室外环境不受污染。

（3）保护患者之间不发生交叉感染。

但实际情况是，“非典”不仅危及病人，而且在病房中、病区内也危及医护人员，北京及香港地区人员感染率接近或超过20%，台湾地区高达30%。这表明，病房内的气流组织效果不佳，根本无法迅速、有效地将受污染的空气排至室外，保护医护人员的安全。所以，医院内控制空气途径感染成为当时的首要矛盾，而通风净化系统成为传染性隔离病房改造、新建的核心。

由于没有合乎要求的隔离病房，如前所述，我国大陆地区、香港和台湾地区以及其他国家纷纷将普通病房改建成隔离病房，从编者看到的一些实例看，这些病房根本不符合传染控制的基本概念。

2003年，为贯彻《突发公共卫生事件应急条例》，各地级市均要改建传染病医院、后备医院或传染病区，为此，我国国务院颁布了第376号令。于是，在2004年下半年各省级城市纷纷新建公共卫生中心或传染病医院，于是隔离病房建设出现了高潮。

2009年，全球爆发了甲型H1N1流感，在新传染性疾病不断出现，旧传染性疾病又复燃的今天，北京市制订了强制性地方标准《负压隔离病房建设配量基本要求》DB 11/663—2009（以下简称《基本要求》），内容包括：1）范围；2）规范性引用文件；3）术语和定义；4）负压隔离病房建筑布局要求；5）负压隔离病房气流控制要求；6）负压隔离病房内压力控制要求；7）负压隔离病房对净化空调系统的要求；8）负压隔离病房其他建筑设施要求；9）负压隔离病房验收要求。它对指导隔离病房的设计、控制传染性疾病传播，显然具有十分重大的意义。

第2章　分　类

2.1　传染性疾病的分类

根据2004年12月1日起实施的《中华人民共和国传染病防治法》的规定，传染病分为甲类、乙类和丙类。

甲类传染病是鼠疫、霍乱。

乙类传染病是指传染性非典型肺炎、艾滋病、病毒性肝炎、脊髓灰质炎、人感染高致病性禽流感、麻疹、流行性出血热、狂犬病、流行性乙型脑炎、百日咳、白喉、新生婴儿破伤风、猩红热、布鲁氏疾病、淋病、梅毒、钩端螺旋体病、血吸虫病、疟疾。

丙类传染病是指流行性感冒、流行性腮腺炎、风疹、急性出血性结膜炎、麻风病、流行性和地方性斑疹伤寒、黑热病、包虫病、丝虫病以及除霍乱、细菌性和阿米巴性痢疾、伤寒和副伤寒以外的感染性腹泻病。

该规定还明确规定，对乙类传染病中传染性非典型肺炎、炭疽中的肺炭疽和人感染高致病性禽流感，采取甲类传染病的预防、控制措施的，由国务院卫生行政部门及时报经国务院批准后予以公布、实施。

2.2　隔离病房的分类

（1）隔离病房分为传染性隔离病房和保护性隔离病房

（本教材不涉及用于精神病治疗的隔绝病房）。

传染性隔离病房也称负压隔离病房，主要用于防止空气传播的疾病对病房以外的环境和患者以外的人的感染，这些病症包括结核、水痘、肺炎、非典型肺炎、病毒性出血热等。

本教材只针对负压隔离病房。

也有既是传染性病人又是需要保护的病人，如某些肺结核患者。

平时没有传染病病人时，隔离病房可作为普通病房使用，这在美国建筑师学会标准中有明文规定，“隔离室……当不需要隔离时，可用作普通护理室或可以分成独立的隔离室”，“当没有空气传染病病人时，隔离室可供未感染病人使用”。

（2）传染性隔离病房按患者疾病的传染性强弱，可以分出如下四级。

1 级：接触隔离，例如对甲型肝炎患者。

2 级：液滴隔离，和 1 级的差别体现在操作程序之中。

3 级：空气隔离，例如对肺结核患者。

4 级：封闭隔离，例如对埃博拉/拉沙出血热、“非典”、金黄色葡萄球菌感染患者。

2.3 隔离病房的作用

（1）隔离病房要起到隔离的作用：

将病房与外界环境隔离，将病人与医护人员隔离。

（2）隔离病房要起到安全的作用：

保证病房外环境的安全；保证病房内医护人员的安全。

第3章 原 理

3.1 感染的传播

3.1.1 感染传播的途径

关于疾病感染的传播要有三个条件：传染的微生物源、易感人群、传播途径。

关于第三个条件即传播途径，要强调的是：凡能经空气传播的也能经接触传播。

3.1.2 空气传播

全球有41种主要传染病，其中经空气传播的就达14种，在各种具体途径中占首位。全球因微生物气溶胶引起呼吸道感染的占感染疾病总数的20%。我国呼吸道感染占医院感染总数的23.3%～42.1%，居各种具体感染途径之首。

通过空气传播呼吸道感染的病原体有30多种，具体如下：

细菌类：如肺炎球菌、大肠杆球菌、绿脓杆菌、克雷伯氏杆菌、沙雷氏杆菌、沙门氏杆菌、军团杆菌、结核杆菌、金黄色葡萄球菌、肠链球菌等；

真菌类：如烟曲霉素、根霉素、毛霉素、白色念珠霉素、组织胞浆菌等；

病毒类：如冠状病毒、流感病毒、麻疹病毒、带状疱疹病毒、腮腺炎病毒、天花病毒、水疱病毒、出血热病毒、柯萨奇病毒等；

立克次氏体：如Q热等；

还有支原体、衣原体等。

呼吸道感染的最严重病例莫过于肺结核。早在1994年美国疾病预防和控制中心（CDC）的《卫生保健设施中防止结核分支杆菌传播指南》（以下简称《指南》）就指出："新的肺结核感染很快发展成为活动性肺结核，与该病突发有关的死亡率很高（在43%～93%之间）。此外，从诊断到死亡的时间很短，时间间隔的中值为4～16周"。

据2004年6月29日我国国务院新闻发布会宣布，我国目前有肺结核病人约450万人，其中传染性肺结核病人约150万人，居全球第二位。75%的肺结核病人年龄在15～45岁之间，每年约有145万新发病例，每年因结核病而死亡人数达到13万，大大超过因其他传染病死亡人数的总和。

2005年全国共报告甲、乙类传染病3508114例，死亡13185人，发病率为268.31/10万，死亡率为1.01/10万，病死率为0.38%，与2004年相比，发病率上升了9.77%，死亡率上升了83.31%。报告发病数居前五位的病种依次为肺结核、乙型肝炎、痢疾、淋病、梅毒，占发病总数的85.66%。死亡数居前五位的病种依次为肺结核、狂犬病、艾滋病、乙型肝炎、新生儿破伤风，占死亡总数的89.40%。

就医院感染来说，传染性肺结核也是空气传播的主要控制对象之一。

图3-1和图3-2所示是打喷嚏的情况，一个喷嚏中约含有10μm以下的微粒约30万个，大飞沫飞出距离约为0.9m。

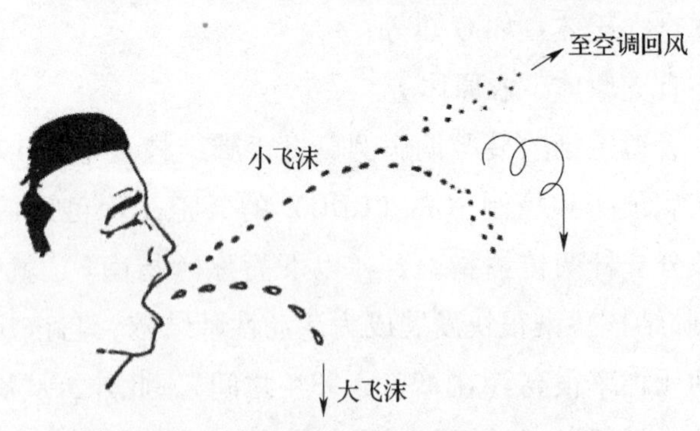

图3-1　打喷嚏产生飞沫和气溶胶

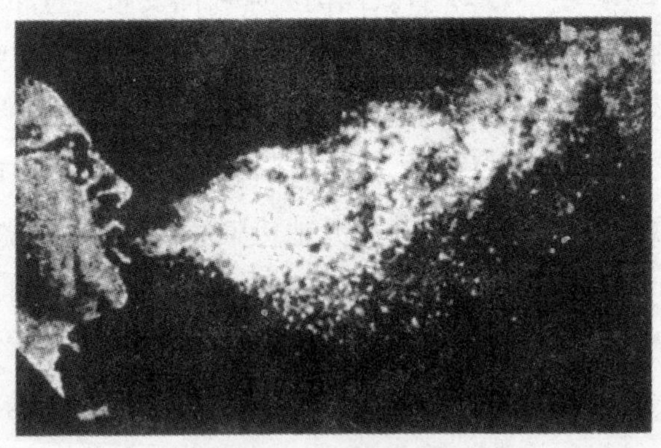

图3-2　打喷嚏的照片

3.1.3　影响传播的因素

1）压差

隔离病房内相对外部如呈正压，将造成对外污染，如果呈负压但较小，也不能有效防止污染物外泄。隔离病房相对其邻室保持一定的负压，可以防止室内污染经缝隙外泄，长期以来被认为是控制污染的最重要的措施。

通过房间送、排风量的差别形成的压差，只有在房间一切开口关闭的情况下才表现出来。在开门的瞬间压差即消失，静压转化为通过开口的气流的动能，而此种气流的大小并不取决于原来压差的大小。

在门关闭情况下，压差即是气流通过门缝等缝隙的阻力。

由于人的走动和通风引起的室内气流速度，一般不会超过0.5m/s，气流流向一般也不正对着门缝，所以门缝吸入气流速度达到0.5m/s，就可以阻止室内污染物通过门缝外泄。因此，门缝最小阻力可以通过公式按保证0.5m/s的气流速度要求进行计算，结果为0.22Pa，这也是室内外的压差。

美国疾病预防控制中心（CDC）在1994年的《指南》中也得出过这样的结论，指出“用以实现并维持负压，使气流吸入房间所必需的最小压差非常小，为0.001英寸水柱”（即0.25Pa），此时通过缝隙向内吸入的“最低风速为100ft/min”（即0.51m/s）。

实际上缝隙的阻力要大得多。

多项实际测定证明，克服门缝阻力后使气流速度达到0.5m/s时，需要室内外压差为2.8Pa，也就是说，实际上由理想状况计算的和美国CDC给出的0.22~0.25Pa是不切实际的，不安全的。越严密的结构，缝隙阻力越大，需要的压差越大，较符合实际缝隙情况的理论最小压差可定为3Pa。

在关门状态下，房间压差是影响平面内污染物外（或内）泄的惟一因素的结论是成立的，不存在其他影响因素。但是在开门状态下，开门的动作、人的行走和温差则成为影响平面内房间污染物外（或内）泄的重要因素，这里不计烟囱效应在垂直方向上对房间的影响。

2）门的开、关

当室内为正压，门突然向内开时，门内一部分区间空气受到压缩，造成门划过的区间出现局部暂时负压，在开门瞬间将室外空气吸入。当室内为负压，门突然向外开时，门外一部分区间空气受到压缩，造成门划过的区间出现局部暂时的比室内更低的负压，在开门瞬间使室内空气外逸。

开门一次可吸入的空气量约为 0.17m^3/s，开门时卷吸作用引起的气流流向如图 3-3 所示。

图 3-3　开门卷吸作用

据实测，开关门引起的风速在 0.15～0.3m/s 之间。如此大的风速，靠新风的正压作用或排风的负压作用在门洞面积上产生的风速是抵挡不住的，因其形成的平均风量将很大，有 0.4m^3/s。

3）人的进、出

当人进、出房间时，会有一部分空气随着进、出，这也是造成污染传播的一个因素，如图 3-4 所示。

图 3-4　人进、出的带风作用

实验结果表明，人顺着开门方向走进室内的瞬间，入口处引起的风速在 0.14 ~ 0.2m/s 以内；人逆着开门方向走进室内的瞬间，入口处引起的风速在 0.08 ~ 0.15m/s 以内。实测发现，只有在人进（出）室内门开启的瞬间，气流速度有最大值，这一瞬间约为 2s。按人体面积为 1.7m × 0.4m 计，带入（出）的最大风量为 0.14m³/s。

4）温差

室内外存在温差几乎是普遍现象，开门的瞬间，在热压的作用下，将有空气从房间上部或下部进入或流出，这是一个未被充分认识的造成污染的因素。

如前所述，负压隔离病房在关门状态下污染物是不可能外泄的，但门总是要经常开关的，就在这一开一关之间，污染物就因温差的作用扩散了，气流示意图如图 3-5 或图 3-6所示。

温差影响传播有以下规律：

（1）内外有温差时，气流方向主要服从于温差对流方向。内外温差为正时，即使小到 0.1℃，气流方向为上部向

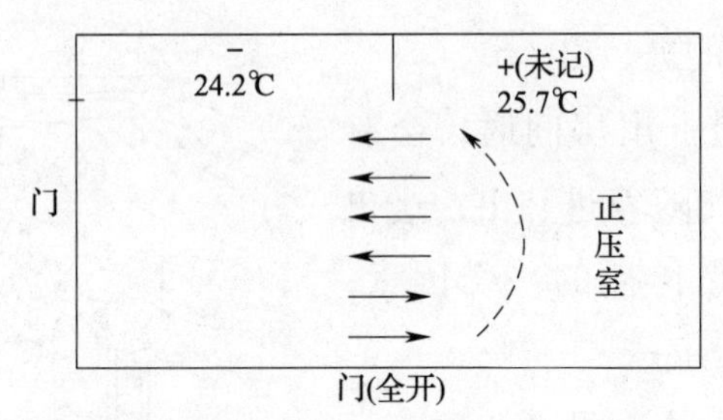

图 3-5　郑州某药业公司正压室门口气流

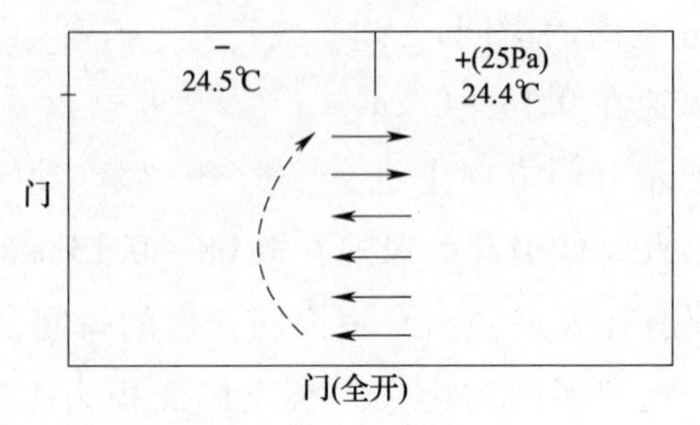

图 3-6　一次更衣室

外，下部向内，只是温差小对流气流范围也小。内外温差为负时，即使小到 0.1℃，气流方向为上部向内，下部向外，温差小对流气流范围也小。

（2）受多种因素影响，门中部气流可为过渡状态。

（3）当决定于温差的气流方向与决定于压差的气流方向同向时，气流流动得到加强。

经计算得出温差和对流风速的关系，见表 3-1。

温差和对流风速的关系　　　　**表 3-1**

	Δt（℃）						
	0.1	0.2	0.3	0.5	1.0	1.2	1.5
v（m/s）	0.076	0.107	0.13	0.17	0.24	0.26	0.29
Q_4（Q_5）（m^3/s）	0.07	0.10	0.12	0.15	0.22	0.24	0.26

续表

	Δt（℃）						
	2.0	2.5	3.0	3.5	4.0	4.5	5.0
v（m/s）	0.34	0.38	0.42	0.45	0.48	0.51	0.54
Q_4（Q_5）（m^3/s）	0.31	0.34	0.37	0.40	0.43	0.46	0.48

以0.1℃温差为例，即可造成通过门洞上进下出或下进上出风量约为各$250m^3/h$。由于对流气流的流入和流出同时存在，因此不论压差正负，通过空气的污染交换都存在。

美国CDC《指南》指出，因压差太小，也可以用房间排风量来衡量，即当排风量不小于$84m^3/h$时认为负压可以满足要求。根据表3-1的数据，对于病房这样的非密闭门只相当于室内有1Pa多一点压差，就可以从门缝挤进这样多的排风量，若按前面已分析的不小于3Pa的压差，此排风量应达到$119m^3/h$，故建议用排风量衡量时应不小于$120m^3/h$。

5）气流

气流是影响空间内部即室内空气传播感染的重要因素，在乱流气流的条件下，室内气流会得到很快的混合，特别是当存在涡流时，污染很难快速排除，故感染的可能性会持续很长时间，因此定向气流——由上向下、由外向内、由清洁向污染的方向流动的气流，则是隔离病房所要求的必要条件。

3.2 静态隔离

3.2.1 屏障隔离

利用平面规划时设置的抗渗性屏障或者无空气交换的密闭空间，对可能引起交叉污染的空气流动进行物理阻隔，即实现屏障隔离，也称物理隔离。其形式有：带密封门的隔离壁板，如图 3-7 所示；带密封门的隔离小室，如图 3-8 所示；带传递窗的隔离墙，如图 3-9 所示；带气闸室的两个相通房间，如图 3-10 所示。

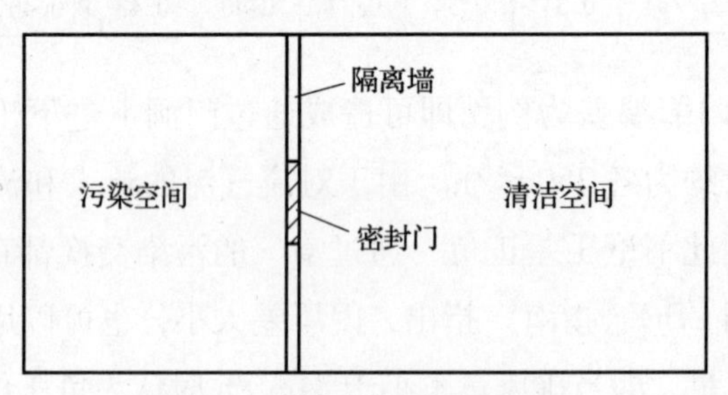

图 3-7　带密封门的隔离壁板

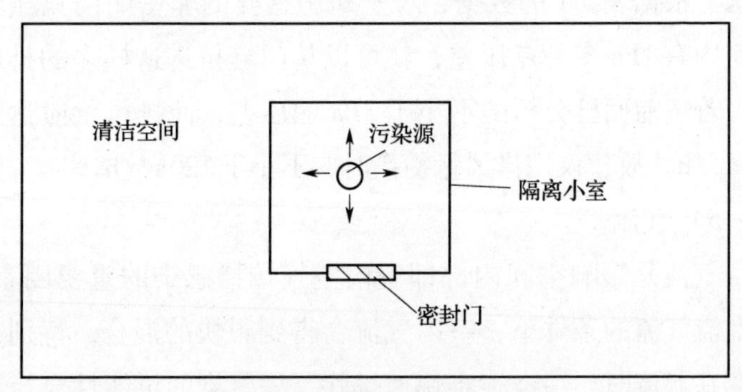

图 3-8　带密封门的隔离小室

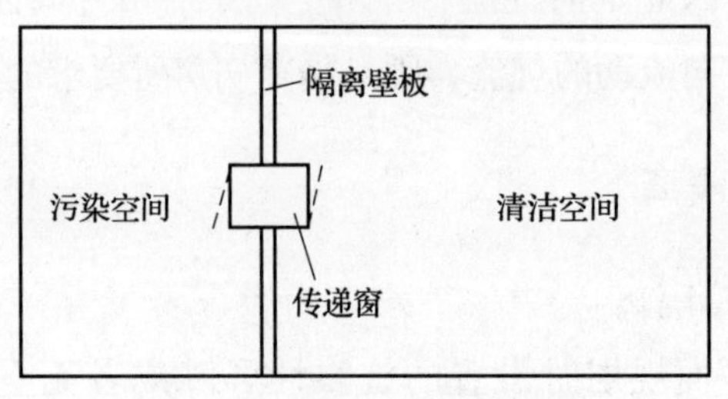

图 3-9　带传递窗的隔离墙

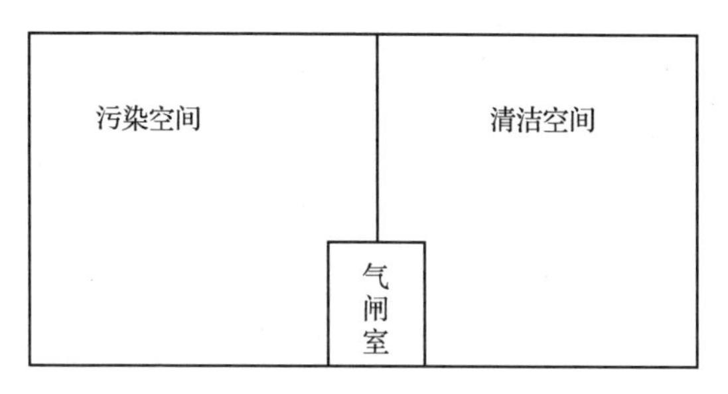

图 3-10　带气闸室的两个相通房间

当然气闸室也可防止内部污染空气流出来污染环境。

气闸室仅是一间门可连锁或不同时开启的房间，与传递窗一样，当其体积不大时，它带给另一侧的污染空气量最多相当于其体积的 1/4。但这个污染空气与进入缓冲室的污染空气是不同的，是未被洁净空气稀释过的。

有的文献对气闸室提出了换气要求，但不明确。本教材将有换气要求的气闸室划入缓冲室，在后面将详细论述。

3.2.2　压差隔离

通过在两个相邻相通区域（房间）之间建立空气的梯度压差，使这一压差由防止污染一侧向污染一侧降低，从而防止由于某种因素的带动，使污染通过区域（房间）间的缝隙由污染一侧进入防止污染一侧。

一般应把要保护的高压侧或要隔离的低压侧设于平面的尽头或中心，如图 3-11 所示，即隔离病房对外的压差可以是正压，也可以是负压，但本教材主要针对的是负压。

3.2.3　两次隔离

完善的隔离应采取两次隔离措施。

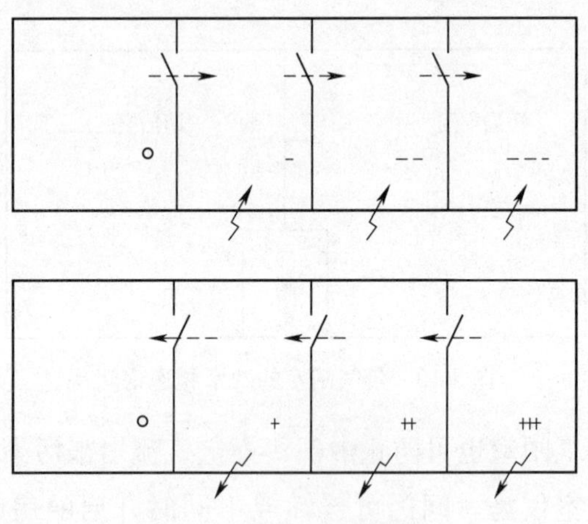

图 3-11　平面上的梯度压差

1）一次隔离

工作人员、操作人员、实验人员、医护人员要直接面对其对象即污染源，可能是最先受害者。前面已谈到，以2003年从全球暴发的“非典”疫情来说，全球约20%的感染人群为医护人员，而香港地区的这一比例则达到了22%。

为保护操作人员（医护人员）免受污染（感染）而采取的隔离即为一次隔离。

病人床头排风罩就是这样一种物理屏障式的隔离手段。

戴口罩也是一种一次隔离，国产口罩性能如表3-2所列。

我国口罩分类　　**表3-2**

过滤元件的类别和级别	用氯化钠颗粒物检测	用油类颗粒物检测
KN90	≥90.0%	不适用
KN95	≥95.0%	
KN100	≥99.97%	

续表

过滤元件的类别和级别	用氯化钠颗粒物检测	用油类颗粒物检测
KP90	不适用	≥90.0%
KP95		≥95.0%
KP100		≥99.97%

2）二次隔离

为了防止病房内含菌空气泄漏和排至病房之外的邻室或环境（或反之），为了防止外部的污染影响到病房内，就要通过负压或正压隔离病房及其净化空调系统、缓冲设施等实行二次隔离。二次隔离的主体是隔离病房。

3.3 动态隔离

屏障隔离和压差隔离这种静态隔离，即在没有人、物和气流流动的两边实现隔离。有人认为，只要有很大的内外压差，就可以实现安全隔离了，为了保证压差，不得不要求结构严密，用密封门，而且是双重、连锁密封（贵至上万元至几万元一樘，甚至不惜动用潜艇上的密封门）。

为了突出安全，不惜用全新风。

所以，高负压、密封门、全新风就成为当初隔离病房设计上的三重关卡，也就成为设计上的三大误区。

显然，这种认识是片面的，因为在有人、物和气流流动交换和医护人员直接面对病人的动态条件下，只要门一开启，压差立即消失，如图3-12所示。

有人认为如果负压足够大，就能把因开门而外泄的气流

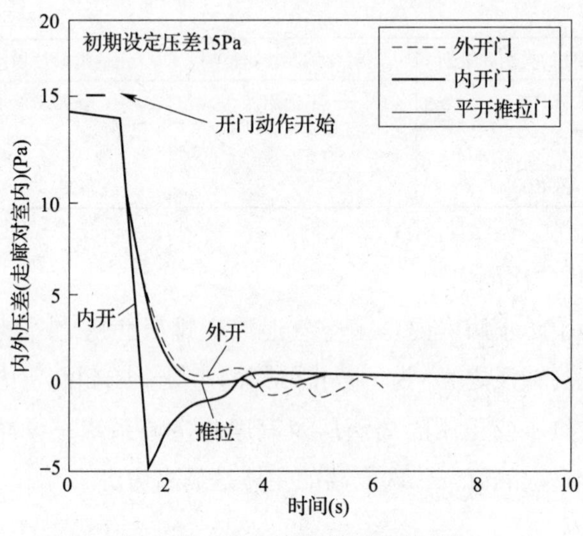

图 3-12 开门时压差随时间的变化

(其速度可达0.2m/s)“吸”回来，那么即使开门后门口敞开面积仅为$1.5m^2$，也需要房间有$1080m^3/h$的排风量，对在大部分时间为关门状态下的病房来说，是不可能实现的。

因此，为了达到真正的全过程隔离，必须着眼于动态控制即动态下的隔离。动态隔离不是不要静态隔离，不是可以开开门，不要压差。动态隔离当然是以静态隔离为基础，但又有别于传统的隔离概念，是一个新概念。

动态隔离就是用流动的洁净气流保护在病床边上工作的医护人员，用缓冲室防止门开启时污染的外泄，用零泄漏负压高效排风装置保证排出和循环空气无菌，从而使隔离病房不用高负压，不用密封门，不用全新风，达到既安全又节能的目的。

第4章　平　　面

4.1　位置

1）隔离病房与周边建筑特别是宿舍、公共建筑的距离至少应在20m以上。

关于20m的距离，是国家标准《生物安全实验室建筑技术规范》所规定，是针对生物安全实验室的排风危险性的，就产生高致病性微生物来说，就排风安全角度来说，隔离病房应不例外。所以《基本要求》DB 11/663—2009中也提出这一要求。

2）隔离病房应自成一区。在综合医院中，隔离病房如能独立设置当然最好，否则也应尽量置于建筑的一层、一端或一侧，自成一区，若是在高层建筑中，宜靠近顶层。在医院区域内，处于全年最多风向的下风向。如果该地区有两个很接近的最多风向，则隔离病房应处于其中风频最小的风向的对面。

4.2　分区

1）对于多间隔离病房组成的病区，应严格划分清洁区、潜在污染区和污染区。

一般来说，病房本身（包括其卫生间）及给病人活动的区域是污染区，公共走廊（内走廊）及与其相通的其他用房是潜在污染区，一次更衣室及其之外的医护人员准备、办公用房为清洁区。

2）如果有条件设双走廊，则病人从病房后走廊、后门进入，则后走廊也应划为污染区，只是对于病房为相对正压。《基本要求》DB 11/663—2009 中要求走廊净宽不宜小于2.4m，有高差者必须用无阻碍坡道相接，并采用防滑措施。

因为医护人员要通过内走廊进出病房，所以仍应定为潜在污染区。只有在该走廊出口以外才可视为清洁区。

图 4-1 所示是上海某医院改造的 SARS 病房，就是两走廊形式。图中半清洁区可按潜在污染区考虑，而图中半污染区也可视为污染区，只是压差比病房稍高。

3）不同区域（污染区与潜在污染区，潜在污染区与清洁区）之间，按空气洁净与污染控制的一般原则应设缓冲室，特别是病房至内走廊的第一道缓冲室，没有特殊困难是一定要设置的，其作用在后面介绍。

收治甲类传染病和按照甲类传染病管理的乙类传染病人的病区，不仅应在污染区（病房）和潜在污染区（走廊）之间设第一道缓冲，还应在潜在污染区与清洁区之间设第二道缓冲。

由于缓冲室提供了一个受控环境，医护人员进入病房前的防护服饰也可以在缓冲室中穿戴。

4.3 入口

负压隔离病房所在的病区的出入口应独立设置。

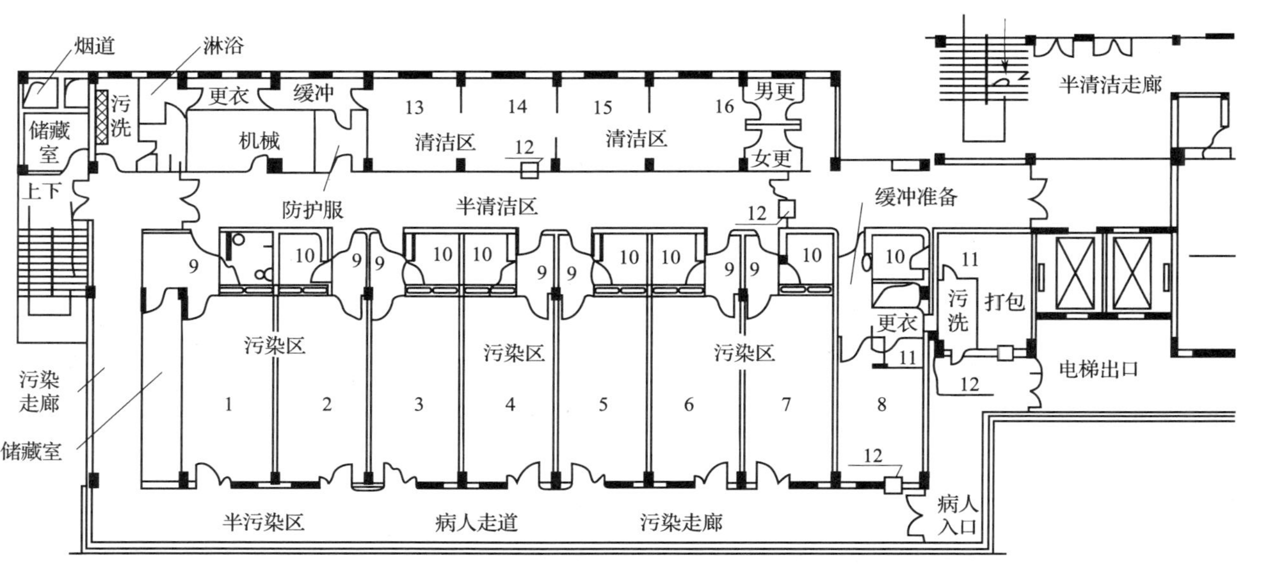

图 4-1　改造后的 SARS 病房平面

1～7—病房；8—化验室；9—缓冲室；10—卫生间；11—消毒间；

12—传递窗；13～15—分别为主任、医生、护士办公室；16—治疗室

第5章 病　房

5.1 建筑

隔离病房分单人间、双人间和多人间。《基本要求》DB 11/663—2009 规定人数不宜超过 3 人。而德国和美国则规定每间病房最多只能住 2 人，改建的最多住 4 人。

关于病房面积，《基本要求》DB 11/663—2009 和美国标准给出过如表 5-1 的数据。

隔离病房（不含卫生间）面积　　表 5-1

国别	单人病房			双（多）人病房（病床）		
美国	标准	最小	床与任何固定障碍最小距离	标准	最小	最小床间距
	$11.2m^2$	$9.3m^2$	0.91m	$9.3m^2$	$7.5m^2$	2.24m
中国	$11m^2$（净）	$9m^2$（净）	0.9m	$9m^2$（净）	$7.5m^2$（净）	1.1m

床宽为1m，床距至少为1.5m，这是荷兰医院的做法。而美国标准提出床距为2.24m。

总之，病房应有足够的空间以放置床边 X 光机、呼吸机等设备，因此这些距离都比普通病房要大。

根据《基本要求》DB 11/663—2009 规定，病房净高不宜小于2.8m。

5.2 辅房

1）病区用房组成除隔离病房外，还宜设重症监护室、医生办公室、护士办公室、护士站、处置室、治疗室、值班室、被服库和备餐兼开水间，病房多时宜设X光室，有教学任务的可配置示教室。

2）隔离病房应附设平开门的卫生间（含大便器、淋浴器、有非手动式龙头的脸盆）。病房之外的卫生间不应设门，可采取机场内的开放进出入形式。

3）各病区备餐间宜划分清洁与污染间，相互之间设传递窗。如采用一次性餐具，备餐间可设于清洁区，不作分隔。

4）如有需要，对特殊化验标本应设生物安全柜，在二级生物安全实验室中工作。

5）传染病人特别是烈性呼吸道传染病人的尸体解剖室，应按三级生物安全实验室设计。按照日本标准，解剖台应置于单向流负压装置之中。

5.3 人、物流

1）隔离病房应在走廊墙上设传递窗，以传递药物和食物。

2）人流通道上不应设空气吹淋室，病区各门口不应设空气幕。

3）隔离病房和缓冲室之间可使用普通的平开门或上悬吊式推拉门；缓冲室和走廊之间宜使用平开门；均不应为木质门。

4）隔离病房与缓冲室之间如地方允许设置推拉门有较大优点。和平开门相比，推拉门引起的门口逆流风速最小。因此，日本有关标准主张隔离病房入口用推拉门，美国建筑学会标准也建议隔离病房入口用滑动的推拉门，并指出这种推拉门不应在地面设滑槽，显然是上悬吊式的推拉门，这就和洁净手术室的门一样。当然，能否设置推拉门要取决于缓冲室有无空间。平开门的缝隙小，宜用在缓冲室与走廊之间，日本标准即作如此建议。

5）隔离病房门和缓冲室的门没有必要用严密的密封门、联锁门，普通门完全满足隔离要求，但不应用木质门。

6）除安全门及通向门厅的门应向外开启外，其余的门均应朝向压力大的一面开启。

7）病房之外的卫生间（厕所）不应设门，可采取机场内的开放迷宫入口形式。

5.4 缓冲室

5.4.1 基本模式

在隔离病房外设缓冲室，缓冲室对病房保持正压，对缓冲室外间保持负压，这样的形式可称为三室一缓（或两区一缓），如图 5-1 所示。

病房为污染区，走廊之外为清洁区。

在隔离病房外设缓冲室，缓冲室外为内走廊，内走廊外设第二道缓冲室，缓冲室外为医护人员准备区。准备区为正压或 0 压，对内一路保持负压，负压值逐次升高，这种形式可称为五室两缓（或三区两缓），如图 5-2 所示。

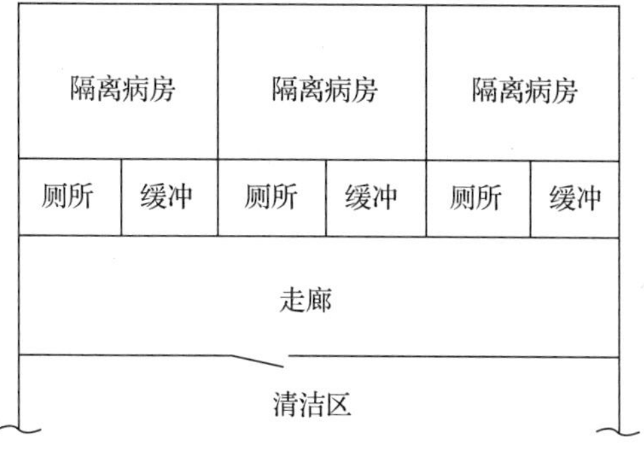

图 5-1　三室一缓

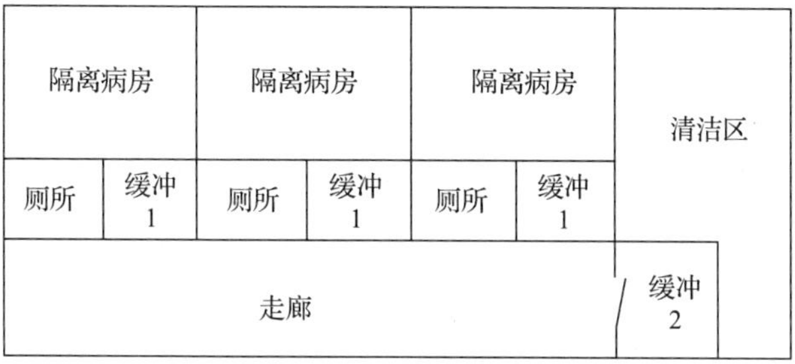

图 5-2　五室二缓

5.4.2　缓冲室隔离效果

原始的污染浓度和有缓冲室时开门带来的室内污染浓度之比称为总隔离系数，以 β 表示。理想情况下，三室一缓总隔离系数为：

$$\beta_{3.1}=42.9$$

五室二缓总隔离系数为：

$$\beta_{5.2}=20.42$$

对图 5-3 的一间实验室进行实验，结果 $\beta'_{3.1}=17.9$，该实验室的计算结果为 $\beta_{3.1}=17.6$，非常接近。

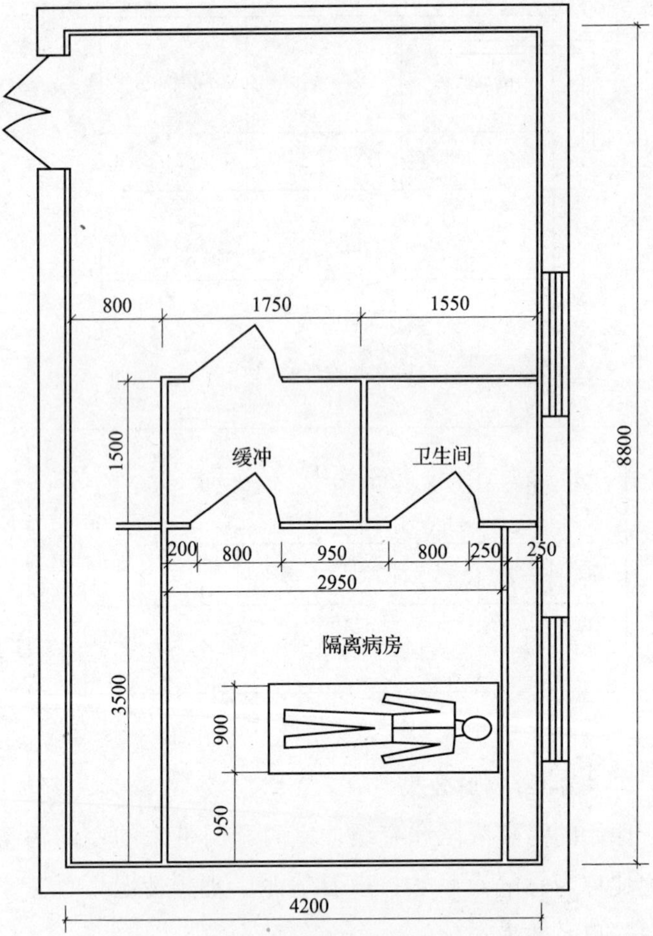

图 5-3 模拟隔离病房平面

注：图中卫生间并未真地做卫生间进行实验，无送、排风。若为真卫生间，其门应向病房开启。

发菌菌种采用枯草杆菌黑色芽孢变种，菌号 ATCC: 15442；1.3343，由中国科学院菌种保存中心提供。

图 5-4 是菌液喷雾器系统。图 5-5 是口部模拟发菌情况。

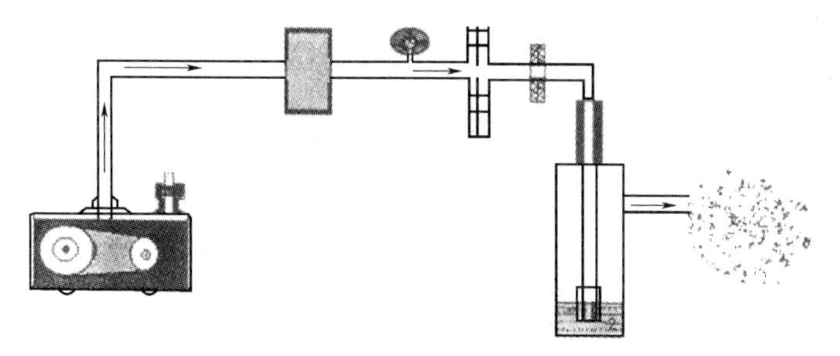

图 5-4　菌液喷雾器系统

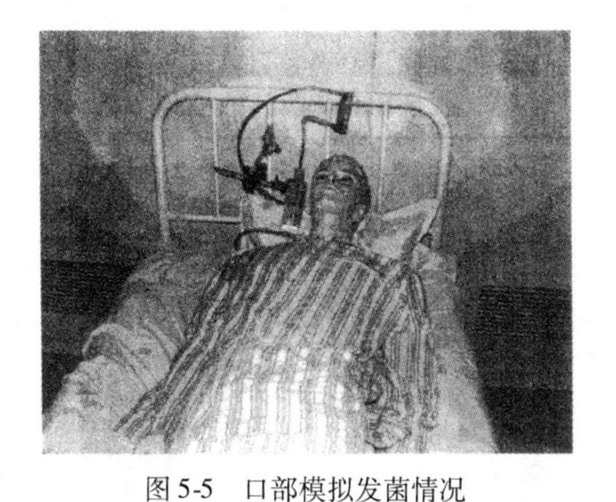

图 5-5　口部模拟发菌情况

图 5-6 是所用菌种电镜照片，图 5-7 是该照片放大。

图 5-6　枯草杆菌芽孢的电镜照片（1700 倍）

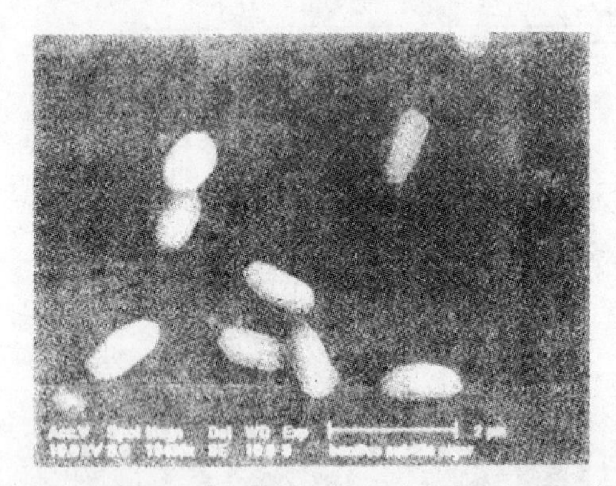

图 5-7　枯草杆菌芽孢的电镜照片放大（13500 倍）

图 5-8 是有缓冲室时实测隔离效果的菌落培养照片。

病房沉降菌照片

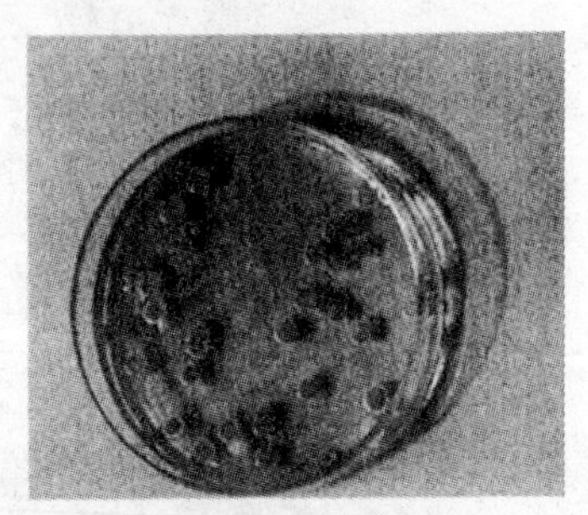

缓冲室沉降菌照片

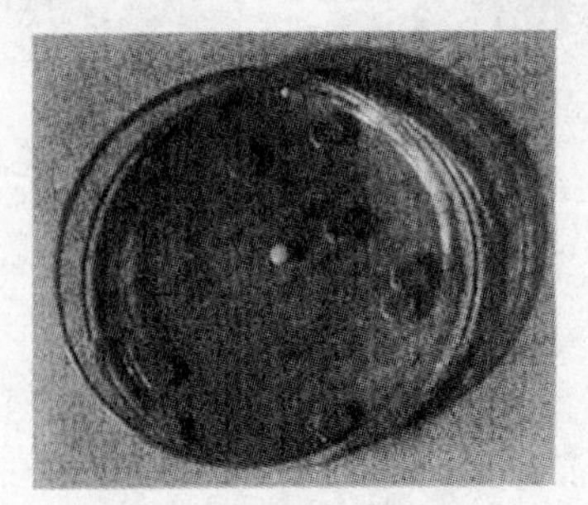

外室沉降菌照片

图 5-8　有缓冲室的实测隔离效果

图 5-9 是有负压差时在病房内外隔离效果国内实测值，图 5-10 是这一效果的国外实测值，均仅为 2.5 倍左右，是有缓冲室在缓冲室外测得隔离效果的 1/7 左右。

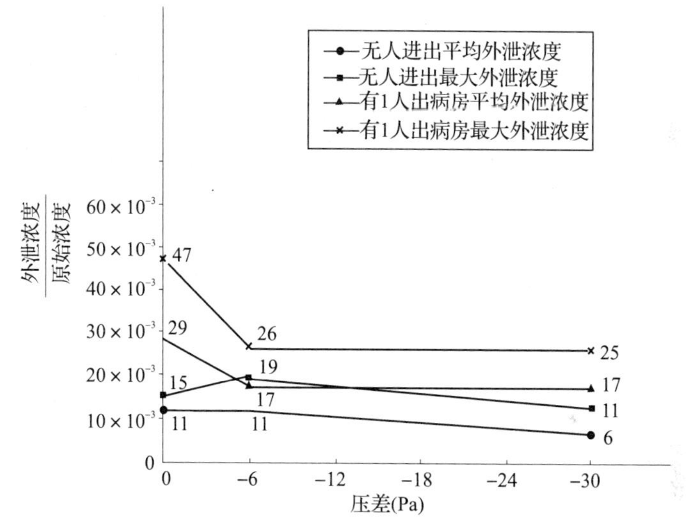

图 5-9　外泄浓度比和压差的关系

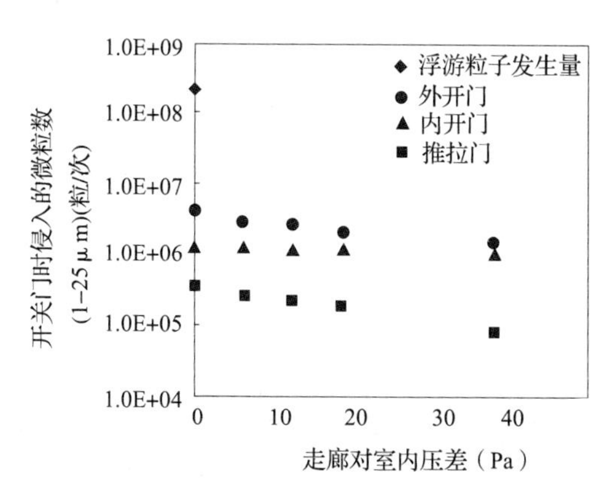

图 5-10　负压室开关门时侵入室内的微粒数

5.5 水、电

1）隔离病区内给水管检修阀应设在清洁区内。

2）所有用水设备应使用非手动水龙头或冲洗阀。

3）病房、治疗室、医护办公室等不应设地漏。其他设地漏的房间应采用洁净室专用地漏。

4）隔离病区内的排水管上端应设排气管，并经高效过滤器过滤。

5）隔离病区应按一级负荷供电，即由两个电源供电，也就是通常说的双路供电，且应设置备用电源。

第6章　压　　差

6.1　压差的物理意义

当室内门窗全部关闭时，室内外压差是空气通过关闭的门窗的缝隙从高压一端流向低压一端的阻力，如图6-1所示。

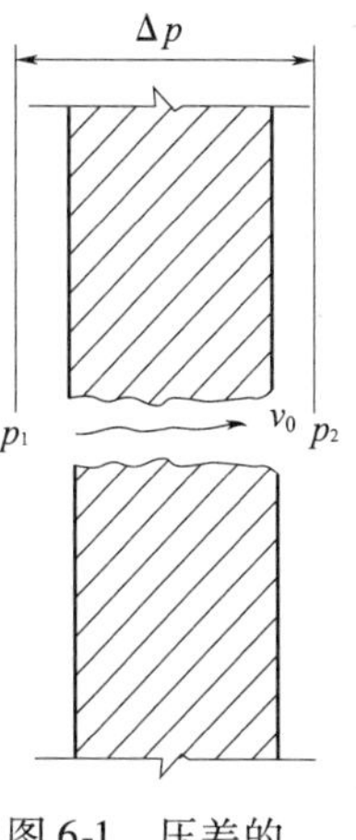

图6-1　压差的物理意义

6.2　压差的作用

6.2.1　压差是实现静态隔离的主要措施

正压抵挡传染性空气从缝隙对病房内的入侵，如图6-2所示。负压防止传染性空气从缝隙由病房内渗至室外，如图6-3所示。

以上压差的作用仅在隔离病房与邻室相通的洞口全部关闭的情况下在防止缝隙渗透上表现出来。

6.2.2　压差抵消污染传播的能力

美国暖通空调工程师学会手册也把正、负压看作可抵制其他因素的手段："由于开门、工作人员和病人活动、温差以及被垂直开口如医院里常见的直管、电梯井、楼梯道和机械竖井所加剧的烟囱效应，常使房间之间不合理的气流难以控制。当其中一些因素超出实际控制范围时，通过设计调整某些房间或区域内的正、负压，可把这些因素的影响减小到最低程度"。

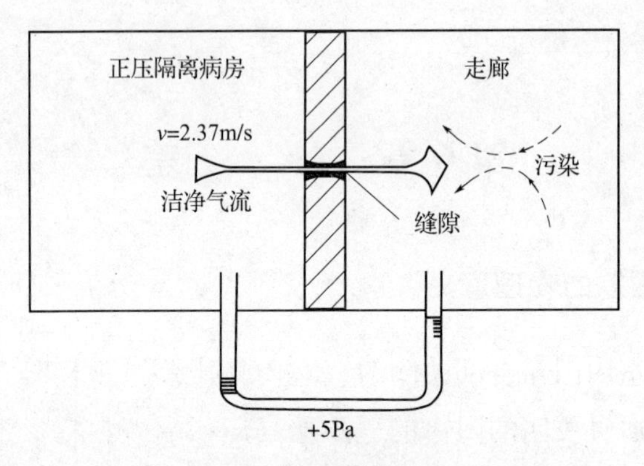

图 6-2　正压抵挡入侵

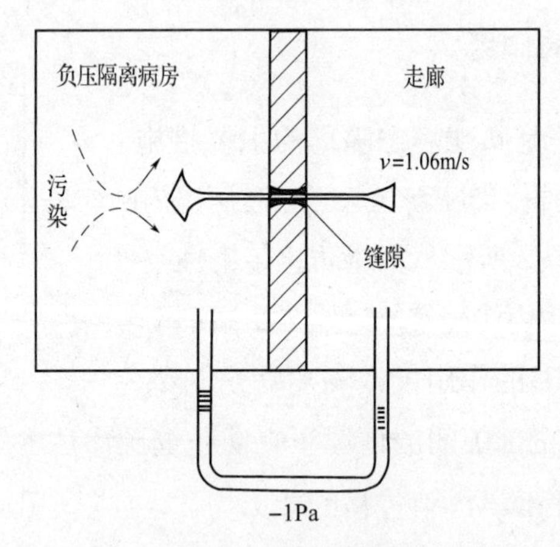

图 6-3　负压防止外渗

事实上，压力不是污染入侵或外泄的唯一因素。这从两方面分析如下：

1）第一方面是因为压差产生的门洞风速很小，不足以抵挡污染的外泄或侵入。

表 6-1 给出了不同压差下一间 15m^2 房间的漏风量。

不同压差下的漏风量　　表 6-1

压差 Δp（Pa）	缝隙风速 v（m^3/s）	非密闭门时 房间漏风量 Q（m^3/s）	密闭门时 房间漏风量 Q（m^3/s）	开非密闭门 时门洞流速 v（m^3/s）
1	0.52	0.019	0.006	0.021
2	0.74	0.026	0.007	0.029
3	0.90	0.033	0.009	0.037
4	1.05	0.037	0.010	0.041
8	1.48	0.053	0.014	0.059
10	1.64	0.058	0.015	0.064
15	2.01	0.072	0.019	0.081
20	2.33	0.083	0.022	0.092
25	2.60	0.092	0.024	0.102
30	2.85	0.101	0.026	0.112
25	3.08	0.110	0.028	0.122
40	3.29	0.117	0.030	0.13
45	3.49	0.124	0.032	0.128
50	3.68	0.131	0.035	0.146

设该房间密闭门缝隙为 6m×0.0005m，非密闭门缝隙为 6m×0.005m，密闭窗和传递窗缝隙为 8m×0.0005m，板壁缝隙为 40m×0.0001m。

从表 6-1 可见，在非密闭门时，当门全开后，即使在 -30Pa的高负压下，使原来全室的漏风量转化为从门洞流入室内的风量才 0.101m^3/s，密闭门时才 0.026m^3/s，即在门洞上的平均风速才 0.11m/s，比后面提到的 0.1℃温差时对流风速仅大出约 0.034m/s。如果负压为 -15Pa，引起风速肯定还要小于对流风速。

所以，简单地认为“当关门时，室内是负压，开门时，气流量主要取决于负压的大小”，实质上不过是主观想像。

正因为气流量很小，所以压差防止污染传播的作用有限。所以也有国外研究者指出隔离病房应该保持负压，但负压的大小并不重要（正压也如此），并通过表 6-2 和表6-3具体地说明了这一点。应该是负压的，如果变成正压，即使小到 0.001Pa（~0Pa），也有 1.3×10^4cfu/年的微生物粒子泄漏量。

病房污染外泄量和压差的关系　　表 6-2

压差（Pa）		微生物粒子泄漏量（cfu/年）
室内负压　门关闭		0
室内正压	0.001	1.3×10^4
	0.01	4×10^4
	0.1	13×10^4
	1	40×10^4
	10	130×10^4
	0.001（开启门）（$2m^2$）开启	2600×10^4

2）第二方面是因为还有温差等作用存在，仅生活经验就告诉我们，由于温差使对流气流有进有出，是不可能被压差削弱或抵消的。

6.3　压差的确定

6.3.1　国外隔离病房常用压差

前面已介绍过，美国得出的理论压差值为 0.25Pa，我国计算时为 0.22Pa，实际上采用的值比这个大得多，见表6-3。

国外一些标准对隔离病房压差要求　　表 6-3

标准或准则	控制对象	病房对走廊（缓冲室）负压差（Pa）
美国 CDC 指南（1994）	肺结核菌	0.25
美国 ASHRAE 手册（医疗卫生设施）（2003）	未指明	0.25
美国《预防与控制安全抗菌性肺结核院内感染准则》	肺结核菌	0.25
美国 CDC《医陪卫生设施环境感染控制准则》	未指明	2.5
美国 DHHS（健康与公共卫生事业部）《医院和卫生设施建设及装备准则》	未指明	2.5
美国 AIA《医院与卫生建筑设施设计和建设准则》	未指明	2.5
澳大利亚《卫生医疗设施隔离病房的分类和设计准则》	气溶胶	15
美国 ANSI/ASHRAE/ASHE 标准 170－2008（2009 年 6 月修正案）	未指明	2.5

实践证明，负压比正压更难保持，在负压下，围护结构上各种有形无形的孔、隙都会向室内渗风。

据北京两家医院隔离病房的实测来看，一家的隔离病房只对内走廊开门，病房相对内走廊为－5～－10Pa。由于隔离病房土建要求不高，其密封程度较差，所以这一压差都难实现。另一家医院的隔离病房对内外走廊都开门，对内走廊为－5Pa，也很难调出来，而此时病房排风量已超过送风量 300m^3/h 以上。

因此，下面得出两个理念：

1）房间的压差不需很大，常规采用的≥5Pa 是可行的。

一般洁净室采用的 5Pa 的压差是这样来的：一是可以满足要求，二是 5Pa 即 0.5mm 水柱，是公制单位 1mm——压差计的最小格的一半，即分辨率为 0.5mm，分辨率不能再小了。所以英制单位就采用最小一格——0.1in 水柱的一半即 0.05in 水柱或 1.27mm 水柱或 12.5Pa 为最小压差。

在采用自动控制时，为防止压差瞬时波动太大，5Pa 无法保持，则用 10Pa 也可以。相对压差太大，例如超过 30Pa，人和小动物可能会不舒服，所以英国卫生与社会服务部与医疗研究会的《手术室超净送风系统》和我国《医院洁净手术部建筑技术规范》都规定 30Pa 是不宜超过的界限。

2）把房间做得极其严密可能出现麻烦。

这一点也被外国文献注意到，该文献指出，当排风管上的自动阀由于控制误差而稍许变化，即使引起进出风量很小的变化，也会对室压造成很大的波动影响。

在对负压洁净室的调试中发现，门边加密封条的房间，当风量变化几立方米，只相当于房间排风量的，压差就变化 1Pa，例如某实验室（$23.9m^2 \times 3m$）风量变化 $5 \sim 10m^3/h$，压力变化 1Pa。为了稳定压差，不得不把密封条拆去。通常风量变化达几十立方米是很平常的事。

6.3.2 《基本要求》DB 11/663—2009 要求的压差

1）压差要求应按图 6-4 所示，病房对其缓冲，缓冲对内走廊的相对压差应不小于 5Pa，负压程度由高到低依次为卫生间、负压隔离病房、缓冲间、内走廊。

2）设于潜在污染区内（前）走廊与清洁区之间的缓冲间应对该走廊与室外均保持正压，对和室外相通的区域的相对正压差应不小于10Pa。

3）因病房及其卫生间都是污染区，而卫生间都设有排风，气流必是由病房流向卫生间的。从动态气流隔离的原理出发，《基本要求》DB 11/663—2009不提病房对卫生间的压差值，而只要求从病房向卫生间的定向气流，即卫生间通过调排风，使其负压程度稍高于病房即可，这可将卫生间门上做上百叶。

4）有压差要求的相邻场所，应按《基本要求》DB 11/663—2009给出的图6-4所示，在相通的门口目测高度安装微压差计。

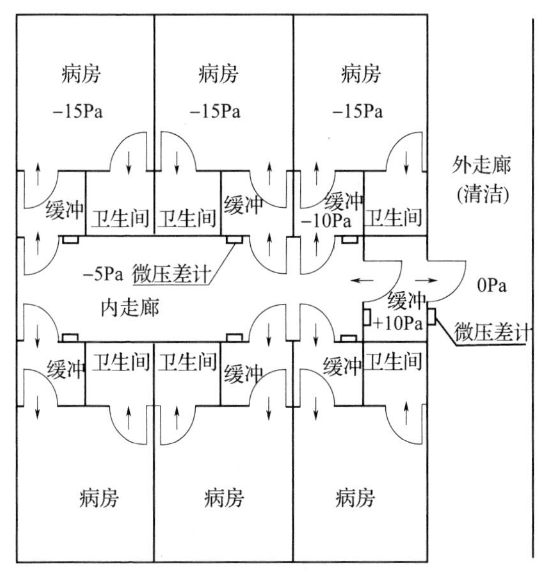

图6-4　压差要求

6.4 压差风量的确定

当压差不便于计算或尚未计算时，工程上常用多少次换气次数作为压差风量。美国 CDC《指南》提出，因压差太小，所以改用房间排风量来衡量房间负压差，即当排风量不小于 85m³/h 时认为负压就可以满足要求，此时相当于室内有 1Pa 多一点的压差。第 3.1.3 节已介绍，按我国提出的最小的符合实际的理论压差取 3Pa，则据表 6-1 的数据，对病房这样的非密闭门房间计算，此排风量应达到 119m³/h，故可建议用排风量衡量时应不小于 120m³/h。

但是，这 120m³/h 仍是纯理论上的，确定压差风量（ΔQ）还有应当考虑的实际问题。

图 6-5 是有送、排风的负压房间。房间系统上可以有风机和调节阀，也可能有风机和定风量阀。

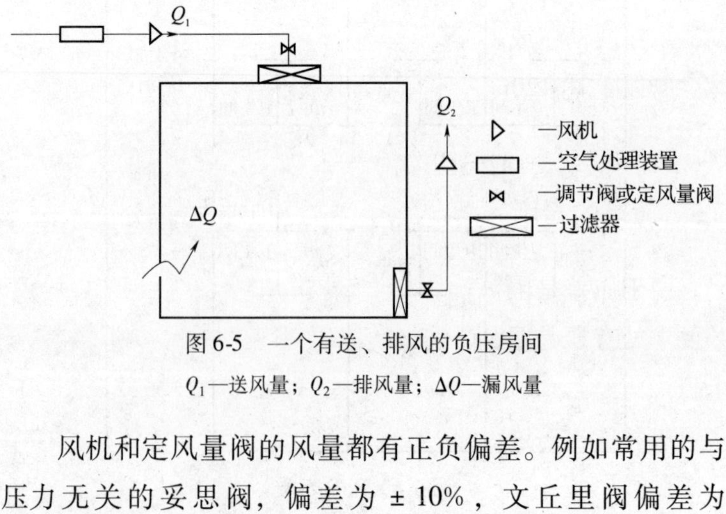

图 6-5 一个有送、排风的负压房间

Q_1—送风量；Q_2—排风量；ΔQ—漏风量

风机和定风量阀的风量都有正负偏差。例如常用的与压力无关的妥思阀，偏差为 ±10%，文丘里阀偏差为

±5%。实际调试表明，由于病房面积不大，如很密封，则极小的风量变化就会影响到病房的压力波动。

对于负压病房最不利的情况是送风机或其定风量阀（调节阀）出现过偏差，即实际风量大于设计或设定风量；排风机或其定风量阀（调节阀）出现负偏差，即实际风量小于设计或设定风量。

所以，以负压房间来说，设计的压差排风量不仅是排风量与送风量之差，还必须考虑风机或调节阀的偏差，即压差排风量应大于漏风量与风机、调节阀风量正、负偏差绝对值之和，即：

设计压差排风量 = |送排（回）风量之差| + |送风机和风阀的偏差值| + |排（回）风机和风阀的偏差值|

现在更好解释房间很严密为什么易出现问题了。太严密即漏风量很小，要求排风量与送风量之差很小，该差别若小于上述正、负偏差绝对值之和，则房间压差或者很难调，总在波动，或者呈微正压。

所以上述 $120m^3/h$ 的压差风量还应加上送、排风量的正、负偏差绝对值之和才是真正的压差风量。

6.5 压差的显示

由于压差是隔离病房的首要控制指标，必须在不同压差要求处有压差显示。即在两相通相邻房间入门处的隔墙上目视高度（约 1.5m），安装液柱式或指针式微压差计，也可以联入机房进行监控。

第7章 空 调

7.1 空调系统概述

7.1.1 按系统中的介质划分系统

系统形式可以根据系统中的介质分为全水、水蒸气、全空气、空气－水、冷剂等系统，具体应从建筑物的用途和性质、热湿负荷特性、控制参数及其精度，空调机房的面积和位置、初投资和运行维修费用等诸多方面来考虑。

全空气系统：房间的全部负荷均由集中处理后的空气负担。

全空气系统又可按送风量是否变化来分：

1）定风量系统。送风状态随室内热湿负荷变化而变化，送入房间的风量保持恒定。当热湿负荷大时，送风温差大；热湿负荷小时，送风温差小。

全空气定风量系统可以按回风量利用情况分为直流式系统（全新风系统）、一次回风系统，以及一、二次回风系统。通常将新风与室内回风混合称为一次回风，室内回风与经热湿处理后的空气混合称为二次回风。

全新风系统只用于系统内各房间的排风量大于负荷计算出的送风量时，或系统内各房间有危险性物质或有害气体或工艺有特定要求而又不允许空气循环使用的场合。当空调房间允许采用较大送风温差或室内散湿量较大时，应采用一次回风系统。当空调房间要求采用较小送风温差或室内散湿量较小、相对湿度允许波动范围较大时，宜采用二次回风系统。

由于直流式系统（全新风系统）能耗太大，应在保证新风量的前提下尽量利用回风。

2）变风量系统。风量随室内热湿负荷变化而变化，送风状态基本不变。当热湿负荷大时，送入较多的风量；热湿负荷小时，送入较少的风量。

空气－水系统：一部分空调负荷由集中处理的空气负担，其他负荷由水作为介质送入空调房间内的装置中，对室内空气进行就地处理（加热、冷却等）。属于空气－水系统的有新风加风机盘管机组的系统、置换通风加辐射吊顶系统等。

全水系统：房间负荷全部由集中供应的冷、热水负担，如风机盘管系统、冷（热）辐射板系统、热水采暖系统等。

冷剂和蒸汽系统：室内需要的冷、热负荷完全由制冷剂在室内蒸发和冷凝供给。按夏季室外冷凝器冷却方式不同可分为风冷式、水冷式等；按安装组合情况可分窗式、立柜式（制冷机和空调设备组装在同一立柜式箱体内）和分体式（一般压缩机和冷凝器为室外机组，蒸发器为室内机组、变频控制多联分体机）等。冬季利用水蒸气在室内散热设备（暖风机、暖气片）内凝结放热的蒸汽采暖系统也属于这一类。蒸汽采暖系统又可分为低压蒸汽采暖和高压蒸汽采暖系统。

7.1.2 按系统中设备布置情况划分系统

根据空调系统设备的布置情况分为集中式、分散式（局部式）和半集中式（混合式）系统。各种系统特点见表7-1。

净化空调系统集中程度的比较 **表 7-1**

项目	集中式净化空调系统	半集中式净化空调系统	全分散式净化空调系统
单位净化面积设备费用	较低	目前末端装置价格较高，费用介于两者之间	较高
生产工艺性质	生产工艺连续，各室无独立性，适宜大规模生产工艺	生产工艺可连续，各室具有一定独立性，避免室间互相污染	生产工艺单一，各室独立。适用改造工程
使用房间特点	房间面积较大，间数多，位置集中，如有洁净度要求，各室间洁净度不宜相差太大	房间位置集中，可以将不同洁净度的房间合为一个系统	房间单一，或其位置分散
气流组织	通过送回风口形式及布置，可实行多种气流组织形式，统一送风，统一回风，集中管理	气流组织主要靠末端装置类型及布置，可实行气流组织形式不多，集中送风，就地回风	可做到多种气流组织，但要注意噪声处理、振动控制
使用时间	同时使用系数高	使用时间可以不一致	使用时间单独
新风量	可保证	可保证，便于调节	难以保证
占有辅助面积	机房高大，管道截面大，占用空间多	机房小，管道截面小，占用空间少	无单独机房和长管道

续表

项目	集中式净化空调系统	半集中式净化空调系统	全分散式净化空调系统
噪声及振动控制	要求严格控制的场合，可以处理得较为理想	集中风易处理，噪声及振动主要取决于末端装置制造质量	很难处理得十分理想
维修及操作	需要专门训练操作工，但维修量小。系统管理较复杂，各洁净室不能自行调节	介于集中式和全分散式两者之间，如末端装置具有热湿处理能力，各室可自行调节	操作简便，室内工作人员可自行操作，维修量较小，调节、管理简单
施工周期	设备庞大，施工周期长，现场工作量大	介于集中式和全分散式两者之间	建设周期短，易上马
主要特点	新风、循环风都集中处理	新风集中处理，循环风分散处理	循环风带新风分散处理；或无新风

各种系统形式如图 7-1 ~ 图 7-5 所示。

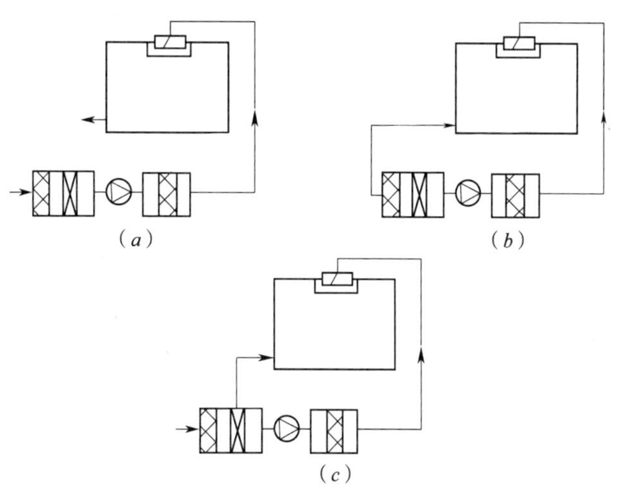

图 7-1　集中式系统

(a) 全新风；(b) 全循环风；(c) 常规新风循环风

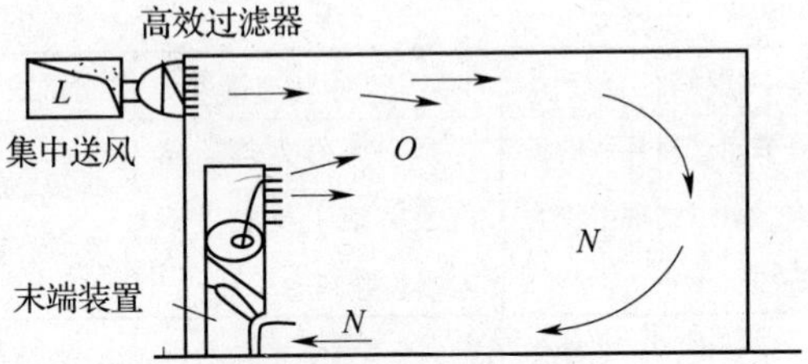

图 7-2　半集中式系统

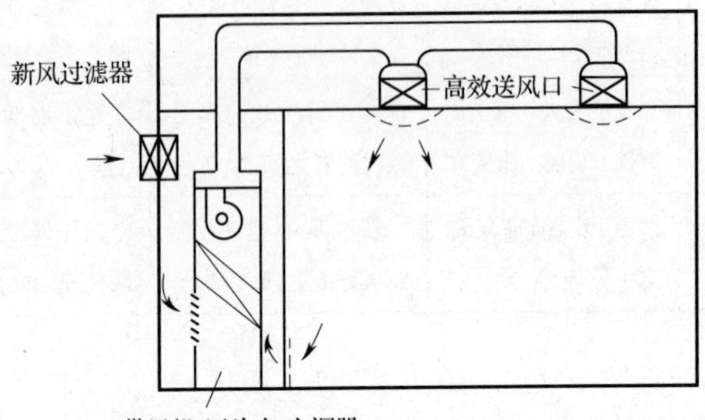

图 7-3　分散式系统一

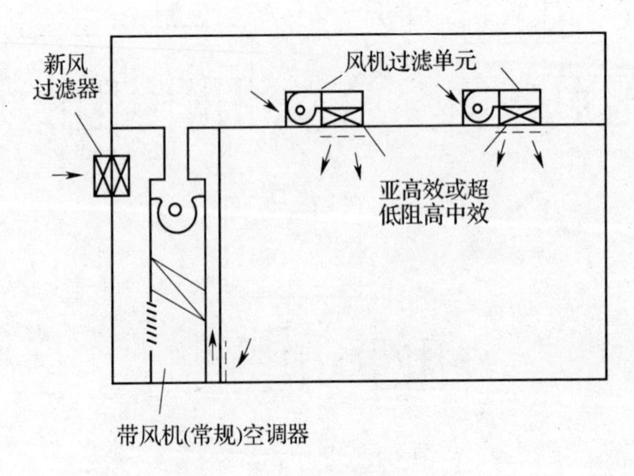

图 7-4　分散式系统二

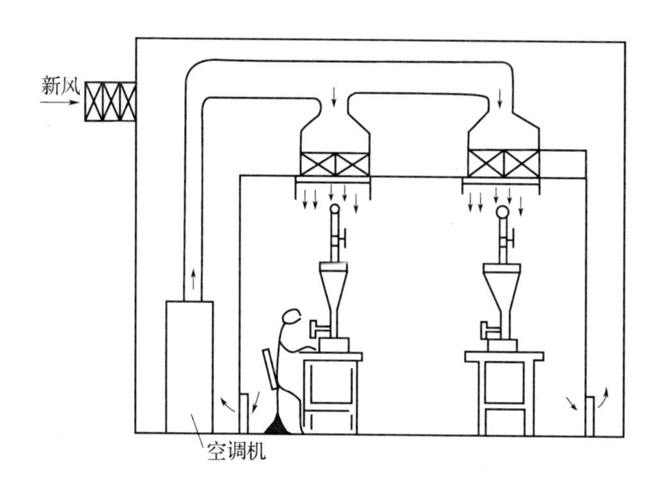

图 7-5　分散式系统三

7.2　用净化空调系统的必要性

如果必须用空调，则空调常成为室内空气的污染源。对室内空气进行消毒、除菌有很多方法，见表 7-2。

几种空气消毒方法　　表 7-2

消毒方式	消　毒　原　理	消毒效率
单区静电	高压电场形成电晕，产生自由电子和离子，因碰撞和吸附到尘菌上使其带电，在集尘极上沉积下来被除去。对较大颗粒和纤维效果差，会引起放电。优点是能清除尘菌和阻力小，缺点是清洗麻烦、费时，必须有前置过滤器，可能产生臭氧和氮氧化物，可形成二次污染	50%（某些产品测试只有 20% 左右）
等离子	气体在加热或强电磁场作用下产生高度电离的电子云，其中活性自由基和射线对微生物有很强的广谱杀灭作用。无法去除尘粒	66.7%

续表

消毒方式	消 毒 原 理	消毒效率
苍术熏	中药	68.2%
负离子	在电场、紫外、射线和水的撞击下使空气电离而产生，可吸附尘粒等变成重离子而沉降，缺点是有二次扬尘，在空调系统中用处不大	73.4%
纳米光催化*	在日光、紫外照射下，催化活性物质表面氧化分解挥发性有机蒸气或细菌，转化为 CO_2 和水。被消毒空气必须与催化物质充分接触，要一定时间，随表面附尘效果大减，一定要有前置过滤器。紫外照射还产生臭氧。实验中甚至出现负值	75%（某些产品测试结果只有 30% 几，甚至出现负值）
甲醛熏	化学药剂，致癌	77.42%
紫外照	应用于空调系统由于空气流速高，细菌受照剂量小，效果差，只能除菌不除尘，有臭氧发生。WHO、欧盟 GMP 都宣布其为通常不被接受的方法，更不能作最终灭菌	82.90%
电子灭菌灯	物理方法	85%
双区静电*	电离极和集尘极分开	90%（某些产品测试只有约 60%）
臭氧	淡蓝色气体，较强氧化作用，其分解产生的氧原子可以氧化、穿透细菌细胞壁而杀死细菌。广谱杀菌但不能除尘，室内必须无人，损坏多种物品，对表面微生物作用小。对人的呼吸道有危害。报导不主张用	91.82%

续表

消毒方式	消　毒　原　理	消毒效率
超低阻高中效过滤设备*	物理阻隔方法，常规风口上使用阻力仅10Pa上下，是粗效过滤设备的1/3，但效率达高中效（对≥0.5μm微粒率达70%～80%以上）重量轻，安装方便，无二次污染	92%～98%
高效过滤设备*	物理阻隔，无副作用，一次性，卫生部消毒规范指出洁净室空气灭菌只用空气净化过滤方式。阻力大	99.99% 99.999999% 或更高

注：表中带*者为一次通过的效率，其余为一个时间段内的净化效果。

由于细菌、病毒均附着于某种颗粒物上，所以除去颗粒物（微粒）也就可以除去微生物，这早已成为污染控制、空气洁净等方面的共识和常识。

但是就上述方法而言，能既除尘又消毒灭菌的只有静电和阻隔式过滤器两种，而不论是从一次通过的清除效率还是经济、方便、安全诸方面考虑，前者都比不上后者。

在迄今为止的各国医院标准中，都是把净化空调系统和空气过滤作为不可替代的手段。

7.3　隔离病房空调

7.3.1　特殊性

1）隔离病房能否用空调，在我国“非典”暴发初期，曾有过否定意见。由于对“非典”的不认识，出于应急的考虑，我国卫生部在《收治传染性非典型肺炎患者医院建筑设计要则》中强调所有区域必须具备通风条件，所有区域严禁使用中央空调，可安装简易负压病房的排风机组。

这样的规定作为一种临时措施可以理解，但在南方地区湿度极大的梅雨季节和炎热的夏季，医院单靠自然通风无法避免室内病原微生物滋长，仍有可能产生微生物污染。如室内温湿度很高，病人发热出汗，会增大发菌量；医护人员身穿隔离服、防护服、戴口罩与眼镜，没工作多久就汗流浃背，甚至出现热病。特别是SARS隔离病房，如不及时解决空调及环境控制问题，医护人员工作环境更加恶劣，严重影响医护人员的身心健康。

2003年6月，世界卫生组织（驻中华人民共和国代表处）在给我国卫生管理部门的复信中明确提出了不同看法：SARS病房不允许开窗通风，空调系统需要连续运行，并在外窗或外墙上安装排风扇以保持室内负压。

但该组织的《医院SARS感染控制导则》中指出：在空调系统没有独立送排风时，可关掉空调，开窗通风，但开窗不能通向公共场所。

实际上国外相关标准也都没有禁用空调，甚至循环风都是可以有条件地采用的。

美国CDC《卫生保健设施中防止结核分支杆菌传播指南》（1994）中正面强调对已知有传染性的空气传播的飞沫核采用全排风，同时也说明在一些情况下再循环空气是不可避免的，在安装有高效过滤器的情况下，可以使空气再循环，并推荐了三种循环风气流组织，下一章将给予说明。日本医院协会标准《医院空调设备的设计与管理指南》（HEAS—02—1998）也指出隔离病房可设带高效过滤器的风机机组。

2003年3月1日实施的我国卫生部颁布的《公共场所集中空调通风系统卫生管理办法》对使用集中空调有了新精神。规定当空气传播性疾病在本地区暴发流行时，只有符合下列要求的集中空调通风系统方可继续运行：采用全新风方式运行的；装有空气净化消毒装置，并保证该装置有效运行的；风机盘管加新风的空调系统能确保各房间独立通风的。但是这一“办法”明显不足的是，对于传染性疾病隔离病房除全新风外，必须有高效过滤器（安在回风口），才能循环使用。当然，不论是否全新风，排风必须经过高效过滤器。

对于传染病医院和隔离病房，上述精神也应是适用的。

2）正压隔离病房采用送风有高效过滤器的循环风系统，负压隔离病房送风不需要高效过滤器，也无洁净度要求，但必须用回风口有高效过滤器的系统，并应尽量用室内自循环风系统而少用全新风系统。循环风能不能用，主要看室内菌浓是原封不动地循环回来使室内菌浓增加还是基本上不把室内菌浓循环回来。当高效过滤器效率达到B类标准时（见第9章），实验证明一次通过的滤菌效率达到99.99996%，达到C类标准时，效率为99.999996%，即当有100万个或1000万个细菌通过过滤器时，大约才漏网1个，由表7-2可知，此效率还可以更高，一般其滤菌效率比对微粒的过滤效率高1～2个数量级。对于烈性呼吸道传染病病房，条件允许且有必要时，可以考虑采用全新风系统，或者用时切换成全新风系统。

3）循环风系统限于有传染性的单人病房或多人同类病

人病房的室内自循环，采用风机盘管制冷供热，另设独立的或公共的新风供给系统。

7.3.2　具体要求

1）清洁区、潜在污染区、污染区应分别设置净化空调系统。

2）隔离病房区可采用室内自循环风的部分新风系统，其中宜有1间至数间病房的净化空调系统，可切换成全新风或就是全新风。

3）隔离病房的换气次数取8~12次/h，人均新风量不应低于40m^3/h。其他辅助用房取6~10次/h。

4）隔离病房虽无洁净度要求，但其送风口上应装有低阻的高中效（含）以上过滤设备；缓冲间送风应通过高效过滤器，换气次数≥60次/h。

5）隔离病房的排风和回风，应在室内风口处设不低于B类的高效过滤器。

6）隔离病房及其卫生间排风应采用可安全拆卸的零泄漏排风装置。

7）高效过滤器应经现场扫描检漏，确认无漏后方可安装入零泄漏排风装置。

8）隔离病区排风管出口应直接通室外，应有止回阀、防雨水措施；应远离进风口20m以上并处于其下风向，不足20m时应设围挡。

9）净化空调系统应24h运行，日、夜设两档风速。日间送风口速度不应小于0.13m/s；夜间风量应设在低档，送风口速度不应大于0.15m/s。

10）设有净化空调系统的隔离病房内不应再设房间局部净化、消毒装置。

11）隔离病区辅助用房的回风口，应设有初阻力不高于20Pa、微生物一次通过的净化效率不低于90%、颗粒物一次通过的计重效率不低于95%的过滤器。

12）《基本要求》DB 11/663—2009要求在空调系统上对压差采取自动监测方法。

第 8 章　气　流

8.1　基本规则

8.1.1　定向流

第一个基本原则是送、排（回）风口位置应有利于实现定向流。

定向流和空气洁净技术中的单向流是不同的概念，最初曾被混淆。单向流的核心是流向单一、流线（比较）平行、流速（比较）均匀，而定向流的含义是气流方向总趋势一定，只能是由清洁→污染或清洁→潜在污染→污染的既定方向，而流线不要求平行，流速不要求均匀，图 8-1 所示的气流即为定向流。

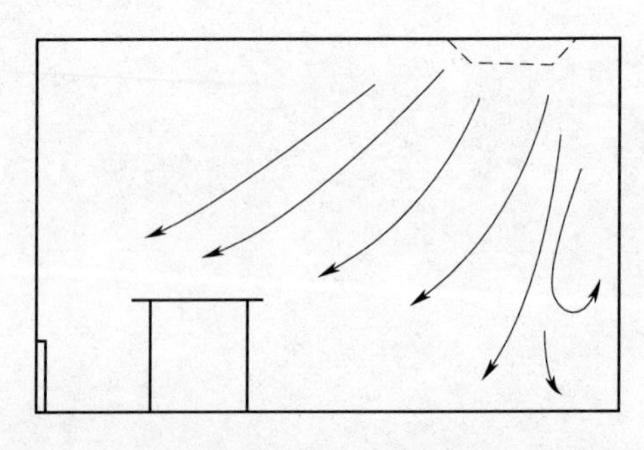

图 8-1　定向流模式

由此可见，在定向流时可以有局部涡流，但从清洁区（送风口下方附近）到污染区（操作台、病床）的气流总趋势是一既定方向。

在控制微生物污染的传染病房中，美国疾病预防和控制中心（CDC）的《指南》（1994）对要求形成的定向气流有明确说明：全面通风系统经设计和平衡应使空气从较少污染的区域（或较为清洁的区域）流向较多污染的区域（或较不清洁的区域）。例如，空气流向应从走廊（较清洁区域）流入肺结核隔离病房（不清洁的区域），以防止污染物传播到其他区域……通过在希望气流流入的区域产生较低（负）压力控制气流流向。

所以，在定向气流原则下，一般都采用单侧排（回）风。

上述 CDC 的《指南》就这一点谈到气流组织时是这样说的：为了提供最佳的气流组织方式，送、排风口的定位应使清洁空气首先流过房间中医护人员可能的工作区域，然后流过传染源进入排风口，这样医护人员就会处于传染源和排风口之间，尽管这种配置并非总有实现的可能。

美国暖通工程师学会手册早在 1991 年版中就指出定向气流要先经过医护人员呼吸区的必要性：一般情况下，我们建议，敏感的超净区域和高污染区域送风的送风口应安装在天花板上，排风口安装在地板附近，这就使得洁净空气通过呼吸区和工作区向下流动到污染的地板区域排出。

8.1.2 病床间无上、下游之分

第二个基本原则是送、排（回）风口位置对 1 个以上病人不出现病人分居气流上、下游的现象。这是防止交叉感染的重要原则。例如两张并列排放的病床，送风口在左床左边，排风口在右床右边，虽然形成定向气流，但右床

成为左床的下游，这是不允许的。

图 8-2 所示是曾因此种布置而发生下游感染的实例。

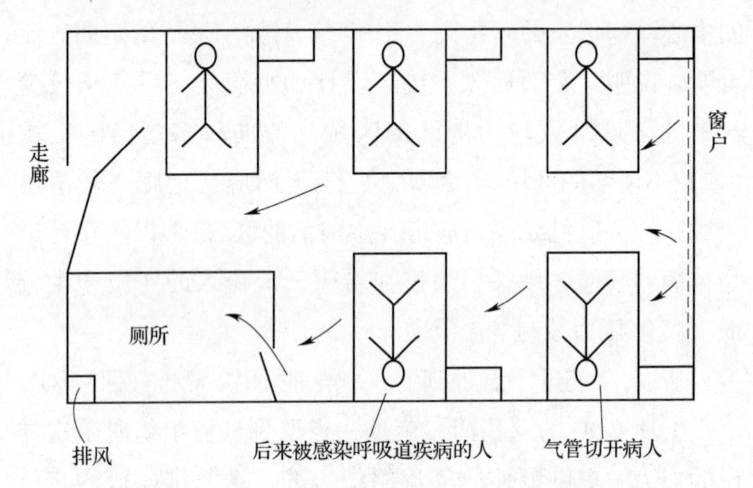

图 8-2 处于下风向而被感染的病床布置实测

8.1.3 有利于保护医护人员

第三个基本原则是送、排（回）风口特别是送风口位置应有利于保护医护人员。

8.1.4 足够的稀释性

第四个基本原则是对气流组织的固有要求，即要有足够稀释有效性，当然还要避免对病人的吹风感。

8.2 常用送回风模式

8.2.1 美国 CDC 推荐的模式

非典期间，被引用或模仿最多的是 1994 年美国疾病预防控制中心（CDC）的《指南》所推荐的单独房间的三种模式。

1）高效过滤器安装在房间回风口，使回风经过过滤器再送回室内，如图 8-3 所示。在病房上方形成较强参混气流，使带菌液滴大量向室内扩散。全室通风效率差。病人面部吹风感强。

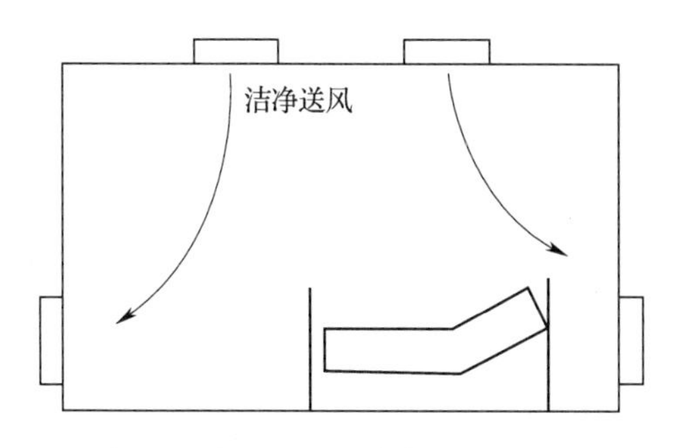

图 8-3　美国 CDC 推荐气流组织之一

2）高效过滤器安装在墙上或顶棚上形成室内自循环系统，将过滤后的空气循环使用，如图 8-4 所示。在病房上方形成上升气流，使病人呼出的带菌液滴向病床上方大量扩散。全室通风效率最差。

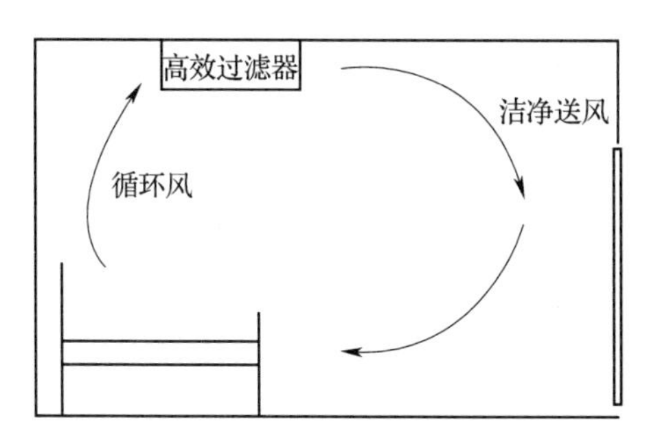

图 8-4　美国 CDC 推荐气流组织之二

3）高效过滤器安装在过滤器机组内，如图 8-5 所示。床头上方排风口风速在 1 ~ 2m/s 时能改善排污效果，但此时病人面部风速达0.5m/s，有强的吹风感。

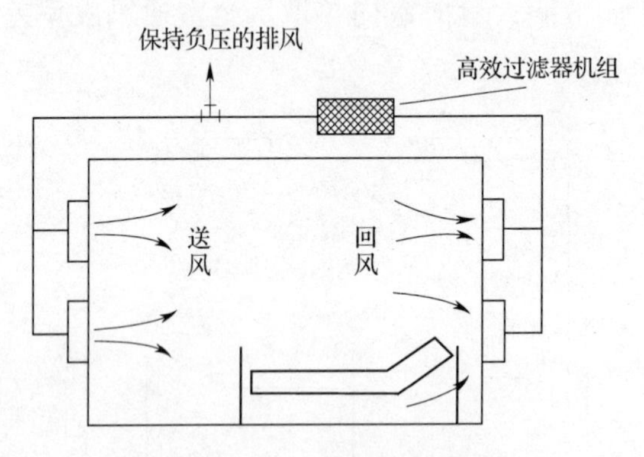

图 8-5　美国 CDC 推荐气流组织之三

以上方式均是排（回）风口位置设在病人头侧（墙下方或墙中部），而送风口位置一般在床上方、病床尾部上方或床尾墙上方。

对于侧送对侧排的方式，美国暖通工程师学会手册则有不同意见，认为将送、排风口安装在相对的侧墙上将使送风直接短路到排风，由此实质上将降低通风效果和制冷供热的能力。由此也可看出，若是上送上排（回），这些缺点会更突出。

8.2.2　单侧顶送异侧下排的模式，如图 8-6 所示。经过优化设计，经双层百叶风口最佳，上层百叶与水平成 60°夹角时气流分布效果最好

这种模式也属于类似图 8-3 的通过高效过滤器回风的形式。在非典期间，同济大学实验证明比美国 CDC 的三种方式好。

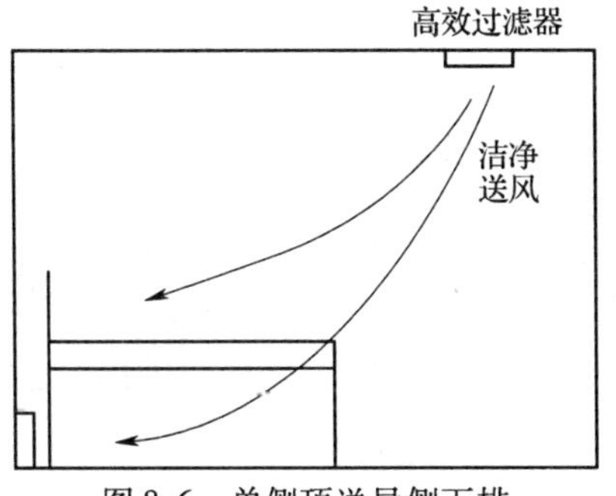

图 8-6　单侧顶送异侧下排

8.3　双送风口模式

8.3.1　单床双送风口

上节已提到，为了有利于保护送护人员，美国 CDC 的《指南》仅提到清洁气流应流经医护人员可能工作的区域。不只是 CDC 如此强调，相关文献也都这么提到。但是他们没有注意到这样一个事实：如果清洁气流从人的身后吹来，人的正面呼吸区可能是负压区，不但对人无保护作用，反而有害，如图 8-7 所示。

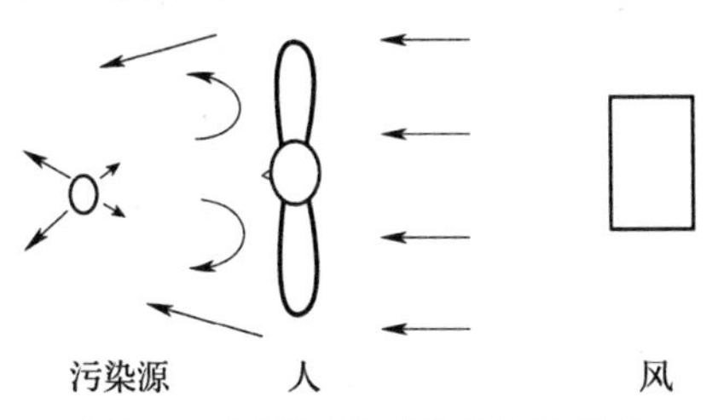

图 8-7　人正面有可能成为负压区

如果在医护人员常站的病床边顶棚上设送风口，医护人员就处于送风口气流的主流区内，不仅区内浓度比室平均浓度低 1/3，而且来自病人的向上的污染气流也会受到主流区向下气流的抵消，减少了对医护人员的危险，如图 8-8 所示。

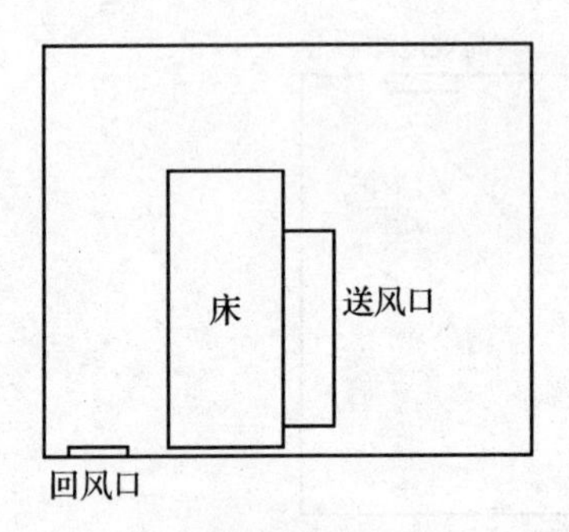

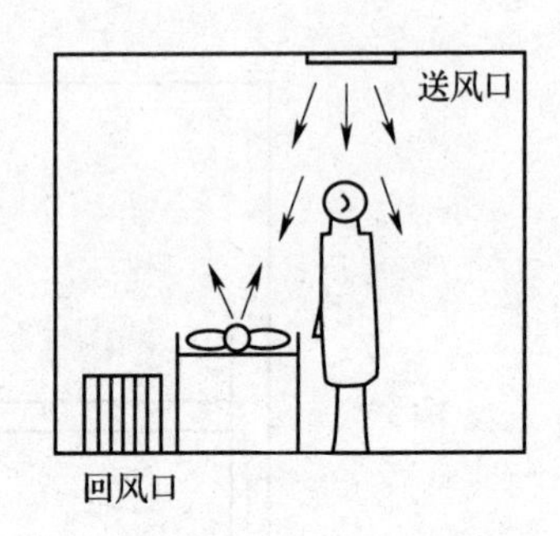

图 8-8　床边医护人员处于送风口主流区保护之下

如果再在床尾设一送风口，将总风量的 1/3 由此风口送出，则将对病人呼吸、喷嚏发出的污染挡回到回（排）风口处排出，则室平均浓度将降低，使活动在室内的医护人员也得到了保护。双送风口如图 8-9 所示。

8.3.2　多床双送风口

多床时双送风口设置可参考图 8-10 ~ 图 8-12。

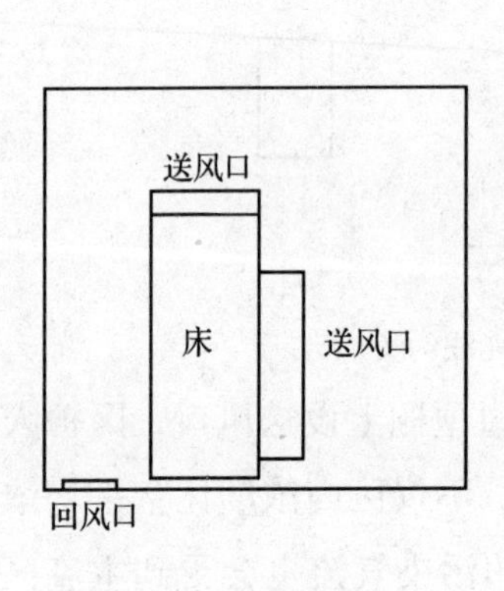

图 8-9　双送风口

图 8-10　双人病房风口之一

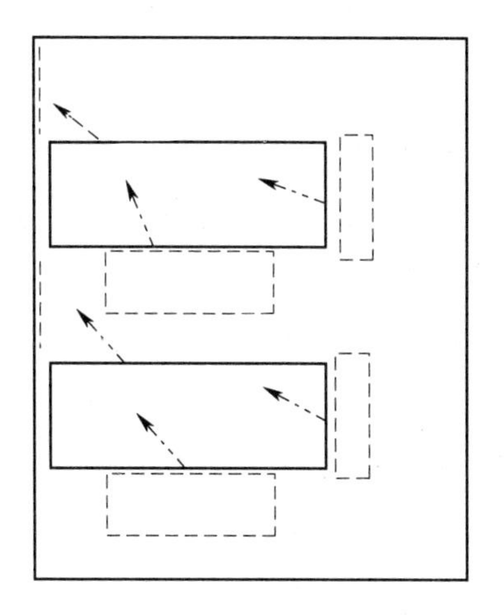

图 8-11　双人病房风口之二

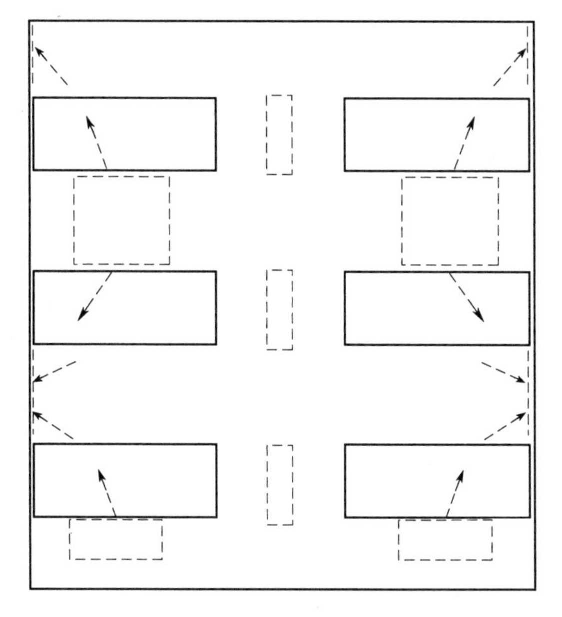

图 8-12　多人病房风口

8.4 具体规定

1）《基本要求》DB 11/663—2009 规定负压隔离病房应采用上送下侧回气流组织，气流总方向与微粒沉降方向一致，负压病房与其所在病区内气流，应为定向气流，从清洁区流向污染区。

2）负压隔离病房内在如图 8-13 所示位置设置主送风口和次送风口。主送风口设于病床边医护人员常规站位的顶棚，离床头距离应不大于 0.5m，长度不宜小于 0.9m；次送风口设于床尾顶棚，离床尾距离应不大于 0.3m，长度不宜小于 0.9m。

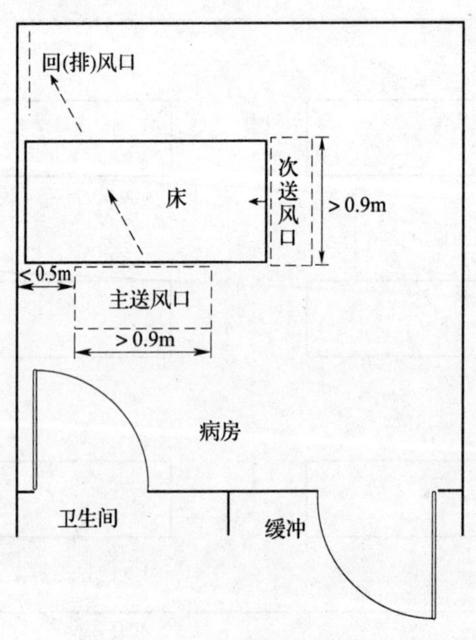

图 8-13　室内风口位置和尺寸

3）主、次送风口面积比为2∶1～3∶1。出口风速不宜低于0.13m/s.

4）送风口宜采用双层百叶形式。

5）回（排）风口应采用单层竖百叶形式。应设在与送风口相对的床头下侧。风口进口面上边沿应不高于地面0.6m，下边沿应高于地面0.1m，回（排）风口风速应不大于1.5m/s。

第9章 设 备

9.1 空调设备

9.1.1 冷热源

热源一般为蒸汽锅炉和热水锅炉，燃料有煤、油和燃气，也有由热电站供给的高压蒸汽或高温水。冷源有电动压缩式和吸收式制冷机，往往做成机组形成直接供给冷媒介（如空气、水、制冷剂等）。电动压缩式制冷机可分为往复式、螺杆式、离心式，也可分为单冷型与热泵型；吸收式制冷机有单效、双效甚至三效，还有直燃型冷热水发生器。它们的容量与性能见表9-1，选用原则见表9-2。

制冷机的容量范围与性能　　表9-1

	形式	容量（kW）	能效比 *COP*
电动压缩式制冷机	往复式	70～140	3.2
	螺杆式	75～1800	3.3
	离心式	350～1800	3.5
吸收式制冷机	单效	350～3500	0.58
	双效	350～3500	1.30
	直燃型冷热水发生器	350～3500	0.97

注：电动压缩式制冷机进出口冷冻水温度7℃/12℃，吸收式制冷机的进出口水温8℃/13℃。

表中的 *COP* 称为制冷机的性能参数，它是制冷机（或热泵）输入功（压缩机）和输出功（制冷效率）之比。

空调用冷、热源系统　　表 9-2

方式	冷热源组合	选用原则
传统方式	电动压缩式制冷机和（燃煤、燃油、燃气）锅炉电动压缩式制冷机及城市（或区域）供热	当地供电不紧张时，优先采用电动压缩式制冷机，大型系统以离心式机组为主，中型系统以螺杆式为主，小型系统以往复式为主；有条件的场所优先采用集中供热或燃油、燃气锅炉
溴化锂吸收式制冷机	单效吸收和锅炉双效吸收式和锅炉	电力供应紧张时，有热电站供热或足够冬季采暖锅炉，特别是有废热、余热可资利用时优先采用
	直燃式冷热水发生器	电力供应紧张时，夏季有廉价燃气的优先采用
热泵方式	水热泵	有内外区、需同时供冷供热或有清洁水源可利用
	空气热源	中小型建筑需全年空调的或不便使用一次能源的
	土壤热源	有良好的地热条件的区域
特殊方式	热回收	有废热、余热的场合优先采用
	全能方式	有条件时积极发展热、电、冷联产技术
	区域供冷供热	有条件时积极发展区域供冷供热站
	蓄冷（热）方式	为平衡供电峰谷差，可推广蓄能空调与低温送风相结合的系统，如有较大的优惠电价，小型系统也可采用利用谷电储热的电锅炉

9.1.2 空调设备

空调设备是指空调机（带制冷剂，冷量在 16.3kW 以上）空调器（带制冷机，冷量在 16.3kW 以下），空调机组（不带制冷机），是空调系统最常用的重要部件。

1）按构造形式分

（1）窗台式，容量小，冷量在 7kW 以下，风量在 1200m³/h 以下，现在采用此种形式的已很少。

（2）柜式，容量大，冷量在 70kW 以下，风量可达几万立方米。

选择柜式空调时应注意以下几点：

① 风量在每小时几千立方米的立柜式至二三万立方米的方柜式范围内最合适，最大风量可达到五六万立方米。

② 不需再建制冷机系统和冷冻机房。

③ 如有用水限制或建冷却水塔不便，则不选整体的水冷型而选择分体的风冷型。风冷型又有两种；一种是压缩机在室内，室外机组为风冷式冷凝器；另一种室内只有热交换盘管和风机，压缩机和风冷冷凝器都在室外，这种分体式具有运转安静的特点。

④ 一般舒适性空调可选冷风型；如没有别的采暖方式可选冷热风型；如有 ±2℃ 和 ±5% 以内的恒温、恒湿要求，可选恒温、恒湿型。

⑤ 要选有一定机外余压的型号，如果余压不够则需加接风机。

其中立柜式机组若直接用在房间内，因要加过滤器，加大风机压头，噪声将增大。

（3）组合式空调器（箱）

组合式空调器因由不同的功能段——空气处理段组合成而得名。设计者和用户可以根据需要选择不同的功能段，一般有以下这些段：

① 新回风混合段，段内并配有对开式多叶调节阀；

② 粗效过滤器段；

③ 加热段（水、蒸汽、电三种方法加热）；

④ 表面冷却段；

⑤ 加湿段（喷淋、高电加湿、干蒸汽加湿）；

⑥ 二次回风段；

⑦ 过渡段（检修段）；

⑧ 风机段；

⑨ 消声段；

⑩ 热回收段；

⑪ 中效过滤器段；

⑫ 出风段。

以上各段有的是必备的，有的是供选用的。机组外壳有金属的、玻璃钢的多种。组合式空调器不设制冷压缩机，另由制冷系统供给冷媒。选择组合式空调器应注意以下几点：

① 适用于大系统。

② 机房面积要有足够的长度，长度可达十几米。

③ 必须另有制冷系统供给冷媒。

需要强调的是，已沿用多年的组合式空调器中的新风粗效过滤器已经落伍，关于新风过滤将在后面的章节中详述。此外，为防止空调器内滋生细菌造成二次污染，最新的做法是将表冷段移至风机出风口后的正压段。

(4) 风机盘管机组

室内冷负荷主要由机组内盘管承担，盘管容量较大，可达3~4排，因通常是湿工况运行的，所以必须敷设排冷凝水的管路、水盘。

风机盘管机组用小型风机送风，常采用前向多翼离心风机或轴流风机，每台机组的风机都是独立控制的。风机用电机为单相电容调速低噪声风机，通常调节电机输入电压以改变风机转速，实现高、中、低三档风量调节。

风机盘管构造见图9-1。

风机盘管有零静压（出口余压）、低静压（30Pa）和高静压（50Pa）之分。由于静压太小，通常不可能在其上安装过滤器。安装其他非阻隔式消毒装置，仅对微生物有作用而不能有效滤尘，结果使消毒装置表面被微尘遮盖而失去作用，所以必须要有预过滤器，但其滤尘效果极低。由于风机盘管内有潮湿的冷表面，粘尘粘菌并繁殖，极易造成二次污染。

风机盘管有卧式安装和立式安装之分，又分为侧回风式和下回风式。在隔离病房内用卧式安装，并应把回风口用管道引自墙下侧。

2）按冷凝器的冷却方式分

(1) 水冷式，容量较大的机组，其冷凝器一般用水冷却，用户必须具备水源。

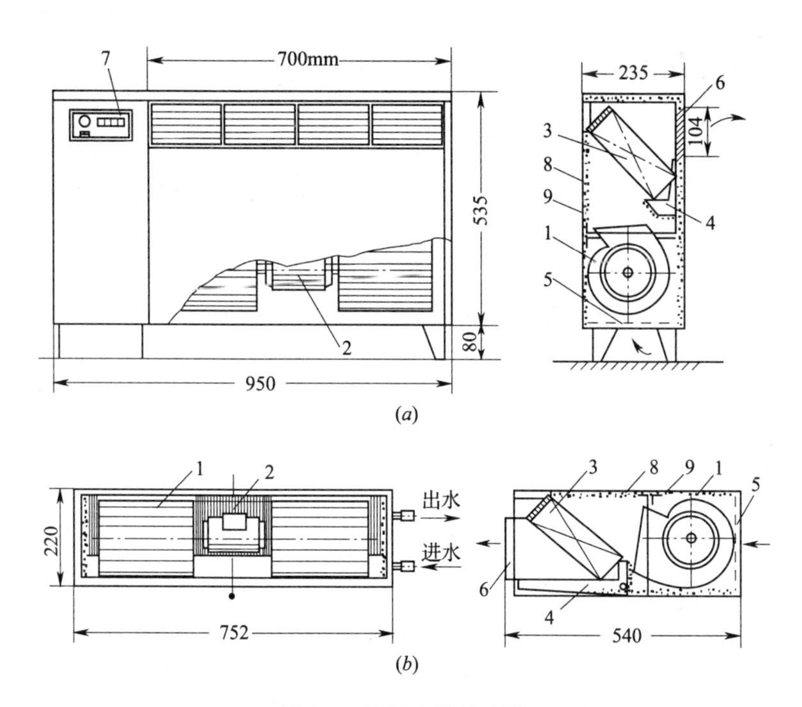

图 9-1　风机盘管构造图

（a）立式；（b）卧式

1—风机；2—电机；3—盘管；4—凝水盘；5—循环风进口及过滤器；6—出风格栅；7—控制器；8—吸声材料；9—箱体

（2）风冷式，容量较小的机组，冷凝器部分在室外（室外机），借助风机用室外空气冷却冷凝器。

3）按供热方式分

（1）普通式，冬季用电热供暖。

（2）热泵式，冬季仍由制冷机工作，借四通阀的转换，使冷剂逆向循环，把蒸发器当作冷凝器（原冷凝器变成蒸发器），空气流过它被加热作为采暖用，使其变成产生热的“泵”。

9.2 空气过滤器

9.2.1 一般空气过滤器

按 2008 年实施的国家标准 GB/T 14295，一般空气过滤器按表 9-3 分类。

过滤器额定风量下的效率和阻力　　表 9-3

性能指标 / 性能类别	代号	迎面风速（m/s）	额定风量下的效率（E）（%）	额定风量下的初阻力（Pa）	额定风量下的终阻力（Pa）
亚高效	YG	1.0	粒径≥0.5um 99.9 > E≥95	≤120	240
高中效	GZ	1.5	95 > E≥70	≤100	200
中效 1	Z1	2.0	70 > E≥60	≤80	160
中效 2	Z2		60 > E≥40		
中效 3	Z3		40 > E≥20		
粗效 1	C1	2.5	粒径≥2um　E≥50	≤50	100
粗效 2	C2		50 > E≥20		
粗效 3	C3		标准人工尘　E≥50		
粗效 4	C4		50 > E≥10		

注：当效率测量结果同时满足表中两个类别时，按较高类别评定。

9.2.2 高效空气过滤器

按 2008 年实施的国家标准 GB/T 13554，高效空气过滤器按表 9-4 和表 9-5 分类。

高效空气过滤器性能 **表9-4**

类别	额定风量下的钠焰法效率（%）	20%额定风量下的钠焰法效率（%）	额定风量下的初阻力（Pa）
A	99.99 > E≥99.9	无要求	≤190
B	99.999 > E≥99.99	99.99	≤220
C	E≥99.999	99.999	≤250

超高效空气过滤器性能 **表9-5**

类别	额定风量下的计数法效率（%）	额定风量下的初阻力效率/Pa	备注
D	99.999	≤250	扫描检漏
E	99.9999	≤250	扫描检漏
F	99.99999	≤250	扫描检漏

9.2.3 国内外过滤器比较

国内外空气过滤器性能的大致比较见表9-6和表9-7。

国内外主要国家几种空气过滤器标准的比较 **表9-6**

我国标准	欧商标准 EUROVENT4/9	ASHRAE标准计重法效率（%）	ASHRAE标准比色法效率（%）	美国DOP法(0.3μm)效率（%）	欧洲标准EN779	德国标准DIN24185
粗效过滤器4	EU1				G1	A
粗效过滤器3	EU1	<65			G1	A
粗效过滤器2	EU2	65～80			G2	B1
粗效过滤器1	EU3	80～90			G3	B2
中效过滤器3	EU4	≥90			G4	B2
中效过滤器2	EU5		40～60		G5	C1

续表

我国标准	欧商标准 EUROV ENT4/9	ASHRAE 标准计重法效率（%）	ASHRAE 标准比色法效率（%）	美国 DOP 法(0.3μm)效率（%）	欧洲标准 EN779	德国标准 DIN24185
中效过滤器1	EU6		60~80	20~25	F6	C1/C2
高中效过滤器	EU7		80~90	55~60	F7	C2
高中效过滤器	EU8		90~95	65~70	F8	C3
高中效过滤器	EU9		≥95	75~80	F9	—
亚高效过滤器	EU10			>85	H10	Q
亚高效过滤器	EU11			>98	H11	R
高效过滤器A	EU12			>99.9	H12	R/S
高效过滤器A	EU13			>99.97	H13	S
高效过滤器B	EU14			>99.997	H14	S/T
高效过滤器C	EU15			>99.9997	U15	T
高效过滤器D	EU16			>99.99997	U16	U
高效过滤器 E-F	EU17			>99.999997	U17	V

美国空气过滤器最低效率测试报告值（MERV）标准　　表9-7

MERV级	组分粒径平均效率（%）			平均捕集率（%）（ASHRAE 52.1-1992）	最低终阻力（Pa）
	粒径范围1 0.3~1.0μm	粒径范围2 1.0~3.0μm	粒径范围3 3.0~10.0μm		
1			$E_3<20$	平均<65	75
2			$E_3<20$	65≤平均<70	75
3			$E_3<20$	70≤平均<75	75
4			$E_3<20$	平均≥75	75
5			$20\leq E_3<35$		150

续表

MERV 级	组分粒径平均效率（%）			平均捕集率（%）（ASHRAE 52.1－1992）	最低终阻力（Pa）
	粒径范围1 0.3～1.0μm	粒径范围2 1.0～3.0μm	粒径范围3 3.0～10.0μm		
6			$35 \leqslant E_3 < 50$		150
7			$50 \leqslant E_3 < 70$		150
8			$70 \leqslant E_3$		150
9		$E_2 < 50$	$85 \leqslant E_3$		250
10		$50 \leqslant E_2 < 60$	$85 \leqslant E_3$		250
11		$65 \leqslant E_2 < 80$	$85 \leqslant E_3$		250
12		$80 \leqslant E_2$	$85 \leqslant E_3$		250
13	$E_1 < 75$	$90 \leqslant E_2$	$90 \leqslant E_3$		350
14	$75 \leqslant E_1 < 85$	$90 \leqslant E_2$	$90 \leqslant E_3$		350
15	$85 \leqslant E_1 < 95$	$90 \leqslant E_2$	$90 \leqslant E_3$		350
16	$95 \leqslant E_1$	$95 \leqslant E_2$	$95 \leqslant E_3$		350
17		≥99.97（0.3μm）			
18		≥99.99（0.3μm）			
19		≥99.999（0.3μm）			

9.3 零泄漏排风装置

9.3.1 作用

空气过滤器的功能往往由于安装不当而得不到充分发

挥。空气过滤器本体与安装框架之间总是存在着缝隙，即使采用了密封垫并安装合格，但往往会在过滤器更换后再次安装而导致不合格；即使有密封垫，但与安装框架之间的缝隙也不可能永久密封。送风气流常常会从阻力小的缝隙旁通直接进入房间，以致过滤失效。

对于负压隔离病房，要求回、排风不能有泄漏，这样才能利用循环风，才能保证室外的环境安全，这比洁净室送风的防漏要重要得多。

由于风口内的高效过滤器可以现场检漏，确认无漏后安装，所以危险主要集中在过滤器安装边框的泄漏上，任何机械密封都不能保证零泄漏，只能把泄漏在一定压力条件下降低到一个最小的程度，同时不能保证漏孔不再突然扩大。

一种零泄漏负压高效排风装置如图9-2所示。

图9-2　零泄漏负压高效排风装置

这种装置由于采用了最新的动态气流密封技术，故而能使边框不漏。

9.3.2 规格

图 9-2 所示排风装置规格见表 9-8。

零泄漏过滤器回（排）风装置规格

（据北京建研洁源公司）　　　　表 9-8

序号	型号	风量 (m^3/h)	外形规格 $W\times H\times D$(mm)	过滤器规格 (mm)	排风口规格 (mm)	开孔尺寸 (mm)
1	WLP－1	300	506×406×350	400×300×120	250×120	450×350
2	WLP－2	500	606×456×350	500×350×120	400×120	550×400
3	WLP－3	700	706×506×380	600×400×120	500×130	650×450
4	WLP－4	900	806×556×380	700×450×120	600×140	750×500

表 9-8 中过滤器为 B 类高效过滤器，钠焰法效率≥99.99%或者≥0.5μm，计数效率≥99.999%。也可按设计要求用 C 类过滤器，效率更高。

9.3.3 安装

图 9-3 所示是这种回风口安装时配用的现场检漏过滤器的小车。将高效过滤器安装在此车上检测无漏后当场安装。理论上只要连接排风装置的压差计显示不小于 1Pa 的压力就可以使用。安全值宜在 5Pa 以上，最好定为 10Pa。

图 9-3　现场检漏小车外观

图 9-4 所示是这种装置的安装方法示意。

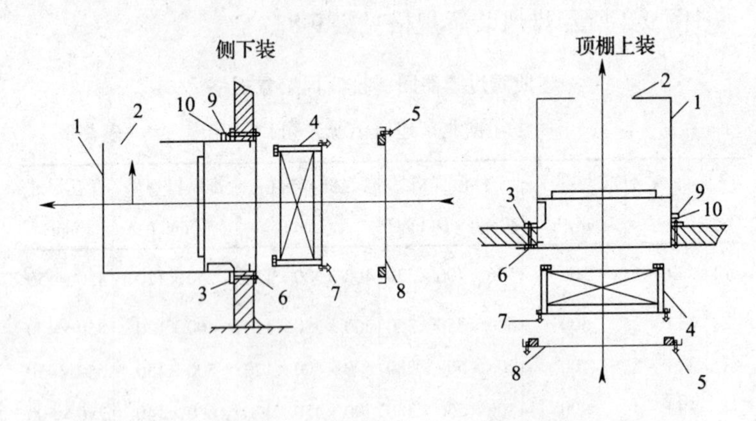

图 9-4　零泄漏高效排风装置回（排）风口安装的方法示意

1—箱体；2—出风口；3—箱体固定框；4—高效过滤器；5—自攻螺丝；6—固定螺丝 M6×70mm；7—高效固定螺丝 M6×25mm；8—回风孔板；9—正压送风接嘴；10—压差表接嘴

9.3.4　拆换过滤器

该设备具有安全拆换高效过滤器的功能。当有重症病人撤离后，视病情传染情况，可立即更换高效过滤器。更换时人员应按安全保护要求穿戴。首先对风口上的进风孔板进行消毒，然后取下，再按设备说明书要求，贴膜、拆卸，对新过滤器经检漏后安装。一般情况下可半年以上更换一次。

9.4　自洁低阻长效型新风机组

9.4.1　作用

为克服常规二级或三级新风过滤器阻力大、经常被堵塞而不知、更换周期短而分散、维护工作量大、机组体积大等缺点，产生了一种能自洁的，保持长新因而阻力低的新风机组。

这种机组如图 9-5 所示，可以安装在地面上，也可吊装。

图 9-5　自洁、低阻、长效型新风机组

这种机组的过滤段第一级为自动清洁的滤网，专挡大颗粒灰尘和杂物；第二级为自动更换的中效过滤器，当达到设定的终阻力时即自动更新滤料，一般一年才需人工换一次滤料。

隔离病房新风可以只配这两级过滤，如果要求高，还可以加第三级高中效或亚高效过滤段。也可加配风机段和表冷段。

9.4.2　规格

该机组性能规格见表 9-9 ~ 表 9-11。其中表冷段和风机段规格仅供参考，应在订货时具体协商。

新风机组过滤段规格

表 9-9

型号	风量 (m^3/h)	终阻力 (Pa)	过滤效率% (大气尘计数)			外形尺寸 (mm) 长×宽×高	重量 (kg)
			≥0.5μm	≥1μm	≥5μm		
CJX-2000 (B)	1500~2000	≤250	≥85	≥95	≥98	1200×600×720	150
CJX-3000 (B)	2500~3000	≤250	≥85	≥95	≥98	1200×750×720	160
CJX-5000 (B)	4000~5000	≤250	≥85	≥95	≥98	1375×900×800	180
CJX-7000 (B)	6000~7000	≤250	≥85	≥95	≥98	1500×1000×900	250
CJX-9000 (B)	8000~9000	≤250	≥85	≥95	≥98	1500×1100×900	300
CJX-12000 (B)	10000~12000	≤250	≥85	≥95	≥98	1500×1300×1100	450
CJX-15000 (B)	13000~15000	≤250	≥85	≥95	≥98	1500×1400×1100	450
CJX-18000 (B)	16000~18000	≤250	≥85	≥95	≥98	1600×1600×1200	600

新风机组表冷段规格 **表 9-10**

型号	风量 (m^3/h)	冷量 (kW)	热量 (kW)	水流量 (kg/s)	空气阻力 (Pa)	外形尺寸 (mm) 长×宽×高	重量 (kg)
YJK-03	3000~4000	26~38	15~20	4.6~7.4	76~117	1100×1100×1100	480
YJK-05	5000~6000	38~43	25~35	7.4~9.5	96~140	1200×1300×1200	650
YJK-08	8000~9000	55~68	40~45	9.5~12.7	140~170	1300×1400×1600	780
YJK-10	10000~12000	74~95	51~60	13.5~17.5	140~177	1300×1400×1600	850
YJK-15	15000~17000	102~123	75	17~21	120~178	1400×1850×1600	900

新风机组风机段规格 表9-11

型号	风量 (m^3/h)	余压 (Pa)	风机型号	电机功率 (kW)	空气阻力 (Pa)	外形尺寸 (mm) 长×宽×高	重量 (kg)
YJK-03	3000~4000	500	FDA200	3	30~60	1300×1100×1100	750
YJK-05	5000~6000	550	FDA280	4	30~60	1400×1300×1200	850
YJK-08	8000~9000	600	FDA315	5.5	30~60	1800×1400×1600	900
YJK-10	10000~12000	600	FDA355	7.5	30~60	1850×1400×1600	1050
YJK-15	15000~17000	600	FDA450	11	30~60	1850×1750×1600	1100

9.5 风机静压箱

9.5.1 作用

前面讲到风机盘管时说到其压差可能为零，如要带动阻力较大的过滤器，显然是不可能的。即使有 30～50Pa 的压头，因要从零泄漏负压高效排风装置中抽风至送风口送入，而该装置阻力有 100～200Pa，所以原风机不可能胜任。

为了用压头大的风机，由于就安装在顶棚上，噪声必然很大，对病房这种场合是满足不了要求的。针对这个问题，有一种风机静压箱产品，不仅其中的风机选用低转速、低噪声的，而且加了消声箱体，使噪声进一步减小。

9.5.2 性能

这种风机静压箱如图 9-6 所示。

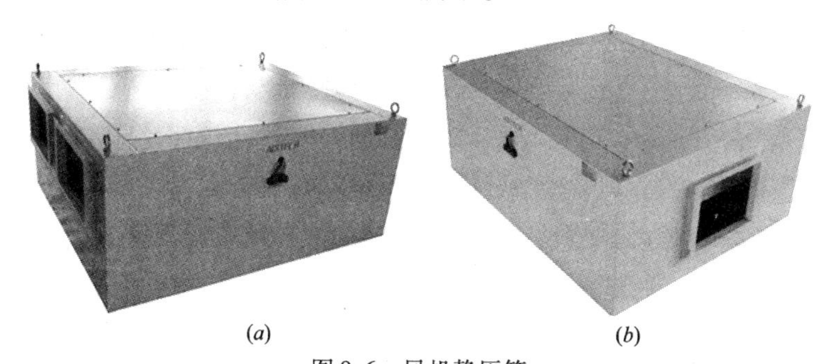

(*a*)　　(*b*)

图 9-6　风机静压箱

(*a*) 一边为两个出风口，一个去循环风，一个排风；

(*b*) 另一边为风机吸入端的进风口

9.6 人、物流设备

9.6.1 清洗干手器

清洗干手器是一种通用性较强的设备，通常可安装在房间的入口处或分散设在走廊内，起到洗净并快速吹干手的作用，对减少污染概率有良好的效果。

图 9-7 所示为干手器外观和结构，表 9-12 是干手器性能。

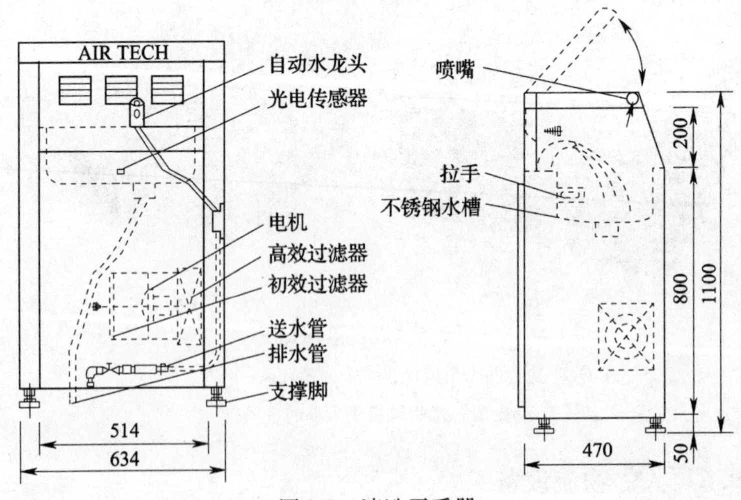

图 9-7 清洗干手器

清洗干手器性能　　　　表 9-12

<table>
<tr><td colspan="2">型号</td><td colspan="2">AHW－05 清洗干手器</td><td>AHD－04 洁净干手器</td></tr>
<tr><td colspan="2">过滤效率</td><td colspan="3">≥0.3um 微粒，≥99.99%</td></tr>
<tr><td colspan="2">喷口风速（m/s）</td><td colspan="3">约 100</td></tr>
<tr><td colspan="2">噪声</td><td colspan="3">≤80dB（A）</td></tr>
<tr><td rowspan="3">结构</td><td>外箱体</td><td colspan="2">SPCC 烤漆</td><td>SPCC 烤漆</td></tr>
<tr><td>工作区</td><td colspan="2">SUS304</td><td>SUS304</td></tr>
<tr><td>感应龙头</td><td colspan="2">SJL－L0812</td><td>－</td></tr>
<tr><td colspan="2">电源</td><td colspan="3">AC220V，50Hz</td></tr>
<tr><td colspan="2">最大功耗（kW）</td><td colspan="3">1.8</td></tr>
<tr><td colspan="2">风机</td><td colspan="3">AC 马达</td></tr>
<tr><td colspan="2">干燥时间（s）</td><td colspan="3">约 20</td></tr>
<tr><td colspan="2">运行方式</td><td>洗手</td><td>干燥</td><td>干燥</td></tr>
<tr><td colspan="2" rowspan="2">必要设备</td><td colspan="2">1/2in 的进水软管</td><td rowspan="2">1/2in 的进水软管</td></tr>
<tr><td colspan="2">φ40 的排水管</td></tr>
<tr><td colspan="2">外型尺寸（mm）</td><td colspan="2">634×470×1100</td><td>400×310×850</td></tr>
<tr><td colspan="2">颜色</td><td colspan="3">象牙白</td></tr>
</table>

9.6.2　传递窗

传递窗是物流净化的重要设备，按结构可分为非联锁传递窗和联锁传递窗，按功能可分为普通传递窗、吹淋传递窗、速消毒功能传递窗。图 9-8 所示是普通传递窗外观和结构，图 9-9 所示是有功能的传递窗外观，表 9-13 是传递窗技术参数。

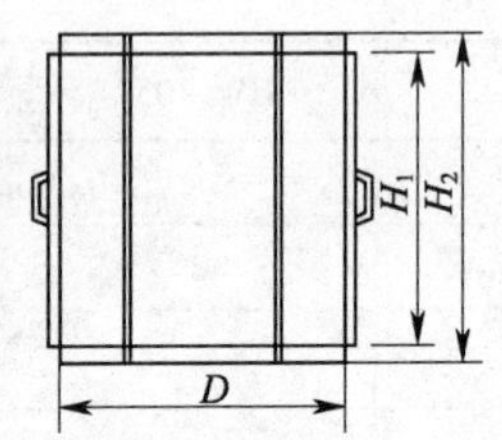

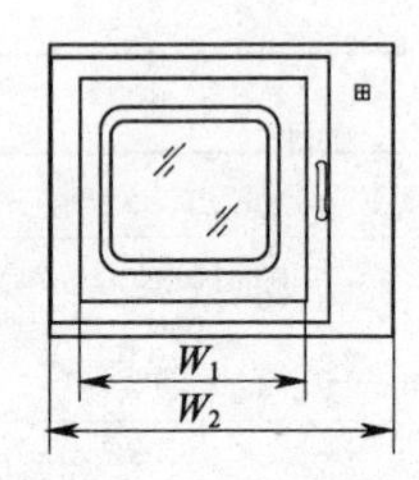

图 9-8　普通传递窗外观和结构

图 9-9　有功能的传递窗外观

传递窗技术参数　　**表 9-13**

型号	SPB－557	CPB－557
过滤效率	≥0.3m 微粒，≥99.99%	
洁净度		ISO5 级
风速（m/s）	喷口＞20	0.3～0.6
工作区尺寸（W×H×D）（mm）	500×500×700	
外形尺寸（W×H×D）（mm）	750×1300×780	
电源	AC 380V，50Hz	
最大功耗（kW）	0.4	
高效过滤器规格（mm）	610×305×691 个	

第10章　验　　收

10.1　验收制度

10.1.1　工程验收

《基本要求》DB 11/663—2009 规定隔离病房建成后应进行综合性能评定的工程验收和年检。综合性能评定在《洁净室施工及验收规范》JGJ 71—90 中有明确规定，在待批的国家标准《洁净室施工及验收规范》中也有更详尽的规定，都是可以参照的。年检可同工程测定。

进行工程验收的检测单位应是有资质的工程质检部门。

10.1.2　性能指标

1）综合性能评定的指标，可参照表 10-1 的项目

2）菌浓

表 10-1 中未列出菌浓，按《医院感染性疾病科室内空气卫生质量要求》DB11/409—2007，普通未用高中效至高效过滤器的室内细菌总数经换算后应≤500cfu/m^3。由于换算含有误差，可直接按沉降菌浓度计算，则应≤3.2 个/ϕ90 皿，5min；或≤20个/ϕ90 皿，30min。此外不得检出致病性微生物（乙型溶血性链球菌、金黄色葡萄球菌等）。按《基本要求》DB 11/663—2009 建设的隔离病房内的细菌总数将远低于上述数值。

检测参数 **表10-1**

房间	静压程度	静压值Pa（相对大气）	总换气次数/（次/h）	新风量（m^3/h）	排风量（m^3/h）	温度（℃）	相对湿度（%）	噪声［dB（A）］	房间照度（lx）	菌浓	送风含尘浓度（mg/m^3）
负压隔离病房卫生间	–	>15	6~10	–	以调出并保持病房至卫生间定向流为准	22~26	40~65	–	50	浮游≤500个（cfu）/m^3 沉降≤3.2个（cfu）/（ϕ90皿.5min）	0.08或室外计数浓度的1/2~1/4
负压隔离病房	–	15	8~12	60或3~4次换气或全新风	计算确定或大于送风量120m^3/h或全排	22~26	40~65	≤50	100	同上	同上
与内走廊间缓冲室	–	10	≥60	–	–	20~27	–	–	50	同上	同上
内走廊	–	5	6~10	–	–	20~27	30~65	≤60	100	同上	同上

续表

房间	静压程度	静压值Pa（相对大气）	总换气次数/（次/h）	新风量（m^3/h）	排风量（m^3/h）	温度（℃）	相对湿度（%）	噪声［dB（A）］	房间照度（lx）	菌浓	送风含尘浓度（mg/m^3）
与内走廊相通的办公、活动用房	+	0～5	6～10	40	–	18～27	30～65	≤60	150	同上	同上
无人辅助房	0	0	–	–	–	–	–	–	–	–	–
与清洁走廊间缓冲室	++	10	≥60	–	–	18～28	–	–	50	同上	同上
清洁走廊	0	0	–	–	–	–	–	–	–	–	–

注：①温湿度下限为冬季参数，上限为夏季参数；②“–”表示无具体要求。

③除检测表10.1中参数外，还应检测；

白天送风口风速应≥0.13m/s；

夜间送风口风速应≤0.15m/s；

室内回（排）风口风速应≤1.5m/s。

3）尘浓

表 10-1 中未列出含尘浓度，按《医院感染性疾病科室内空气卫生质量要求》DB 11/409—2007，普通的未安装高中效至高效过滤器的空调系统送风含尘浓度应≤0.08mg/m^3。计重浓度与≥0.5μm 微粒计数浓度的关系可参考图 10-1。

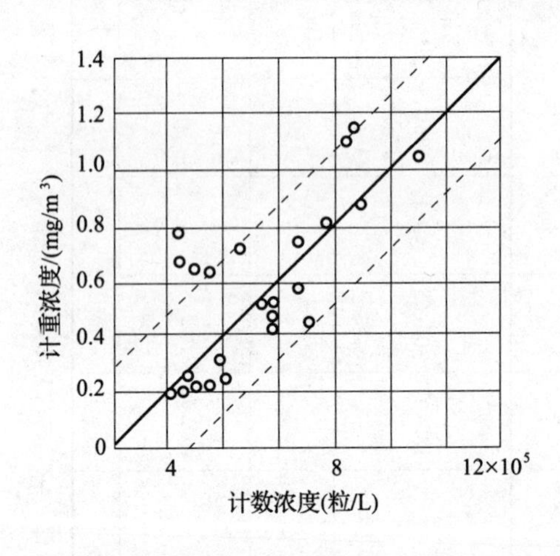

图 10-1　计数浓度与计重浓度的比较

从图 10-1 可见，0.08mg/m^3 相当于不超过 8×10^4 粒/L。一般可取（3～5）$\times10^4$ 粒/L。由于室外计重浓度约 0.18mg/m^3（南方）～0.35mg/m^3（北方），所以相当于当地室外计重浓度的 1/2～1/4，如忽略经过滤后大粒子数的差别，计数浓度也可按 1/2～1/4 估算。由于风口安了高中效过滤设备，新风又经过处理，这一指标是完全可以达到的。如果风口安装非阻隔式消毒设备，这一指标则很难达到。

按《基本要求》DB 11/663—2009 建设的隔离病房空调系统送风浓度将远低于上述数值。

4）物理、化学性指标

按《医院感染性疾病科室内空气卫生质量要求》DB 11/409—2007，隔离病区内各房间的空气物理性、化学性指标应符合表10-2的规定。

空气化学性指标　　表10-2

二氧化硫 SO_2	mg/m^3	≤0.50	1h 均值
二氧化氮 NO_2	mg/m^3	≤0.24	1h 均值
一氧化碳 CO	mg/m^3	≤10	1h 均值
二氧化碳 CO_2	%	≤0.10	日均值
氨 NH_3	mg/m^3	≤0.20	1h 均值
臭氧 O_3	mg/m^3	≤0.16	1h 均值
苯 C_6H_6	mg/m^3	≤0.11	1h 均值
甲苯 C_7H_8	mg/m^3	≤0.20	1h 均值
二甲苯 C_7H_8	mg/m^3	≤0.20	1h 均值
苯并［a］芘 B（a）P	ng/m^3	≤1.0	日均值

注：由于医院工作中使用甲醛和挥发性有机化合物较多，而且并非都是由于室内装修材料释放引起的，因此本标准没有将此两项指标列入。

10.2　检测方法

10.2.1　风量和风速的检测

1）风量风速检测必须首先进行，各项效果必须是在设计的风量风速条件下获得。

2）风量检测前必须检查风机运行是否正常，系统中各部件安装是否正确，有无障碍（如过滤器有无被堵、挡），所有阀门应固定在一定的开启位置上，并且必须实际测量被测风口、风管尺寸。

3）测定室内微风速仪器的最小刻度或读数应不大于0.02m/s，一般可用带可拉伸测杆的热球式风速仪。

4）对于送风口可采用套管法、风量罩法或风管法（直接在风管上打洞，在管内测定）测定风量，为测定回风口或新风口风量，也可用风口法（直接在紧邻风口的截面上多点测定）。

5）用任何方法测定任何室内风口风量（风速）时，风口上的任何配件、饰物均应保持原样。

6）选用套管法时，用轻质板材或膜材做成与风口内截面相同或相近、长度大于2倍风口边长的直管段作为辅助风管，连接于风口外部，在套管出口平面上，均匀划分小方格，方格边长不大于200mm，在方格中心设测点。对于小风口，最少测点数不少于6点。也可采用锥形套管，上口与风口内截面相同或相近，下口面积不小于上口面积的一半，长度宜大于1.5倍风口边长，侧壁与垂直面的倾斜角不宜大于7.5，如图10-2所示，以测定截面平均风速，乘以测定截面净面积算出风量。

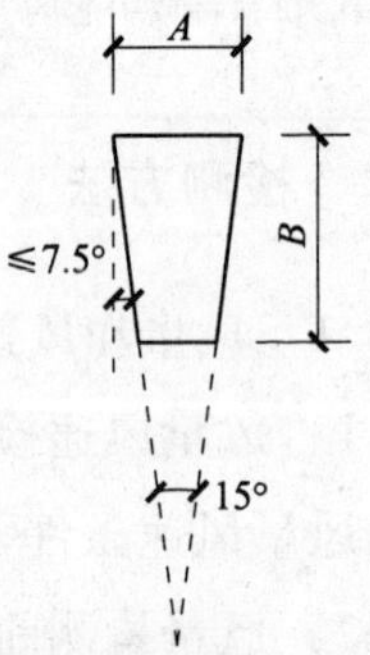

图10-2　锥形套风管
A—套管口边长之一；
B—套管口长度

7）选用带流量计的风量罩法时，可直接得出风量。风量罩面积应接近风口面积。测定时应将风量罩口完全罩住出风口，风量罩面积应与风口面积对中。风量罩边与接触面应严密无泄漏。

8）测新风量、回风量等负压风

量时，如受环境条件限制，无法采用套管或风量罩，也不能在风管上检测时，则可用风口法。风口上有网、孔板、百叶等配件时，测定面应距其约50mm，测定面积按风口面积计算，测点数同第6）条的规定。对于百叶风口，也可在每两条百叶中间选不少于3点，并使测点正对叶片间的斜向气流。测定面积按百叶风口通过气流的净面积计算。

10.2.2 温湿度的检测

1）测定室内空气温度和相对湿度之前，空调净化系统应已连续运行至少8h。

2）温度的检测可采用玻璃温度计、数字式温湿度计；湿度的检测可采用通风式干湿球温度计、数字式温湿度计、电容式湿度检测仪或露点传感器等。

3）测点为房间中间一点，应在温湿度读数稳定后记录。测完室内温湿度后，还应同时测出室外温湿度。

10.2.3 静压差测定

1）测定之前应关好所有入口的门窗。

2）相邻房间隔墙上安有微压计的，可直接读出。

3）未安装微压计的，可用液柱式微压计现场测定，即将连于微压计上一个孔口的软管（$\phi5$以上即可），从门缝伸入室内，将管口平面设于地面上0.8m高，垂直于地面并避开明显气流、涡流，即可读数。

10.2.4 噪声测定

1）用普通声级计A档测定噪声，应在明显没有空调系统以外声源干扰的情况下检测。

2）$15m^2$以下房间在室中心测1点，$15m^2$以上除外，应在四角各测1点，探头向外。

10.2.5　照度测定

1）用普通照度计测定照度。

2）离墙0.5m，按约2m×2m的间距布置测点。

3）不应刻意避开灯光或在灯光下测定，随机按测点测定。

4）取各测点中最低值为检测照度。

10.2.6　送风含尘浓度检测

1）计重法

① 采用便携式PM10检测仪测定送风含尘浓度。

② 仪器测定范围为0.01～10mg/m^3。

③ 检测点布置在送风口下方15～20cm处，以对角线或梅花形布点，风口面积小于0.1m^2的设3个测定，大于0.1m^2的设5个测点。

④ 检测应在系统正常运行下进行。

⑤ 每点测3次，取平均值。

2）计数法

① 采用粒子计数器测定送风口计数浓度。

② 计数器采样率为2.83L/min。

③ 测点布置和读数次数同计重法。

10.2.7　室内空气中含菌浓度检测

1）在表面消毒后与进行医疗活动之间采样，不得用熏蒸法、照射法等对空气消毒。

2）测点布置在离地0.8m以下的高度，以对角线或按梅花形布点，室面积≤30m^2的设3点，＞30m^2的设5点，距墙 1m。

3）用 ϕ90（90mm 直径）普通营养琼脂培养皿，在采样点上暴露 5min 或 30min，然后送检培养。

4）如需换算成每 m^3 中浮游菌浓度，按以下步骤：暴露 5min 的每皿平均数 × 157.2，暴露 30min 的每皿平均数 × 26.2。

10.2.8 空气化学性指标检测

如需检测病区内空气化学性指标，可按《公共场所卫生标准的检验方法》GB/T 18204 和卫监督发［2006］58 号《公共场所集中空调通风系统卫生规范》规定的方法进行。

第11章　实　　例

11.1　自循环形式

隔离病房可以采用回风有零泄漏高效过滤器装置的室内自循环风系统，另设独立的新风供给系统。送风口设超低阻高中效过滤装置。

11.1.1　用风机盘管

用风机盘管的自循环系统原理如图 11-1 所示。

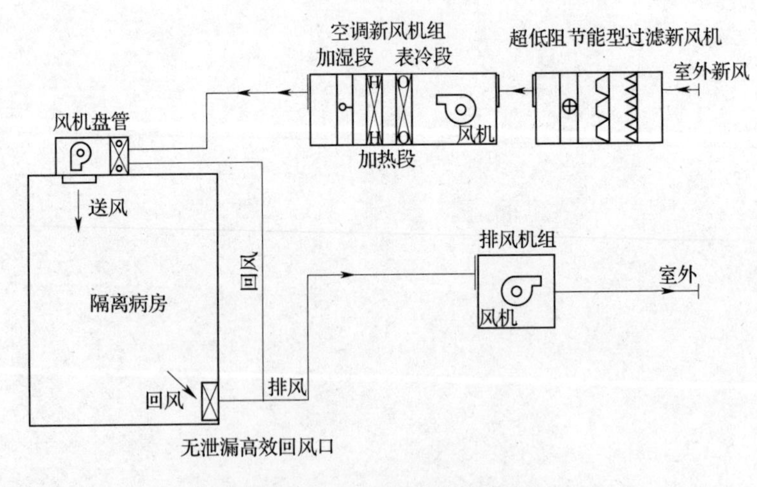

图 11-1　用风机盘管自循环

由于室内负荷由风机盘管负担，空调新风机的负担减轻。

由于回风高效过滤器滤菌效率可达到99.9999%以上，室内菌浓达到每立方米几百万个才能穿透过1个，一般情况下，室内不可能达到如此高的菌浓，所以回风是相当干净的，不必担心风机盘管上积尘积菌。

11.1.2 用送风风口加风机

用送风风口加风机的自循环系统原理如图11-2所示。

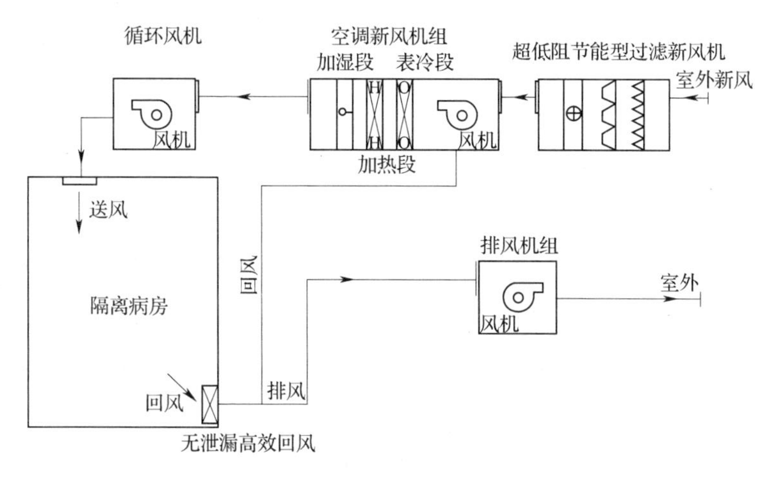

图11-2 用风机送风口自循环一

用风机盘管的形式在盘管内有很大可能产生凝结水，这仍是不希望发生的，所以此方案将盘管取消，由一般风机送风代之，回风经过空调新风机，加大了新风机的负担。

如果空调新风机组为有足够压头风机的小型空调机组，则可不用风机静压箱，但一定要注意处理好噪声。

11.1.3 用送风风口加室内自循环风机

用送风风口加室内自循环风机的系统原理如图11-3所示。

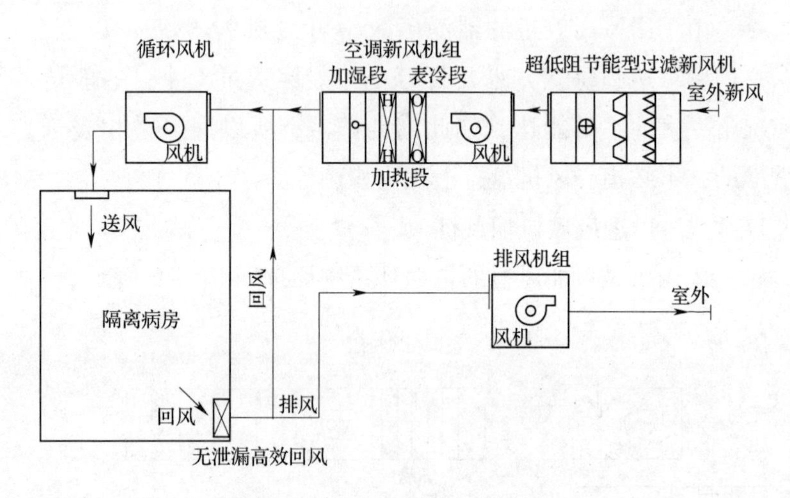

图 11-3　用风机送风口自循环二

由于病房内只住 1～2 个人，热湿负荷很小。如果回风不需要热湿处理，不经过空调新风机组，而由空调新风机组只处理新风来承担全部空调系统的热湿负荷，就不会出现冷凝水的问题了。

该方案通过降低机器露点或增加新风量两种方法解决空调新风机组承担全部湿负荷的问题。如果增加新风量，对双人病房计算结果只要 3.1 次/h 新风，即增加 1 次/h。

该方案以上海气象条件为例计算表明，空调新风机组中部分类型的表冷器 6 排即达到设计要求（<26℃，<60%），用另一部分类型表冷器则需 8 排。

11.2　实例

隔离病房位于中心楼 12 层，1600m^2，设 12 套负压隔离病房，4 套普通病房。每两套病房共用一个前缓冲室，单用一个后缓冲室。此外，在病区有关出入口皆有缓冲室，实现“三区（清洁区、潜在污染区和污染区）两缓（病房入走廊、走廊至外界）”，大大提高了隔离能力。各区采用独立空调系统。清洁区用风机盘加独立空调系统，高低两档风速，其他区域为一个独立的全空气系统。病房 12 次换气，缓冲室 60 次换气。该例设计参数见表 11-1。

隔离病房空调设计室内温、湿度参数　　表 11-1

项目	夏季		冬季		备注
	温度（℃）	相对湿度（%）	温度（℃）	相对湿度（%）	
清洁区	24~28	45~65	18~22	35~55	
潜在污染区	24~28	45~65	18~22	35~55	北走廊及辅助房间
隔离病房	26~28	45~65	20~22	35~55	
污染区	24~28	45~65	18~22	35~55	南走廊及其辅助房间
普通病房	24~28	45~65	18~22	35~55	

病区和病房平面图如图 11-4 和图 11-5 所示。

设置的压力梯度见图 11-6。

11.3　简单分析

1）病房前后均有走廊，充分实现洁污分流。

2）病房前后设缓冲室，走廊与外界各部结合都有缓冲，将大大提高隔离效果，提高安全性，由于是因地制宜的设置，并未显出多用面积。缓冲 4（即清洁区内的缓冲）对内对外均应为正压，设计为 0 压不理想，因为清洁区可能出现正压。

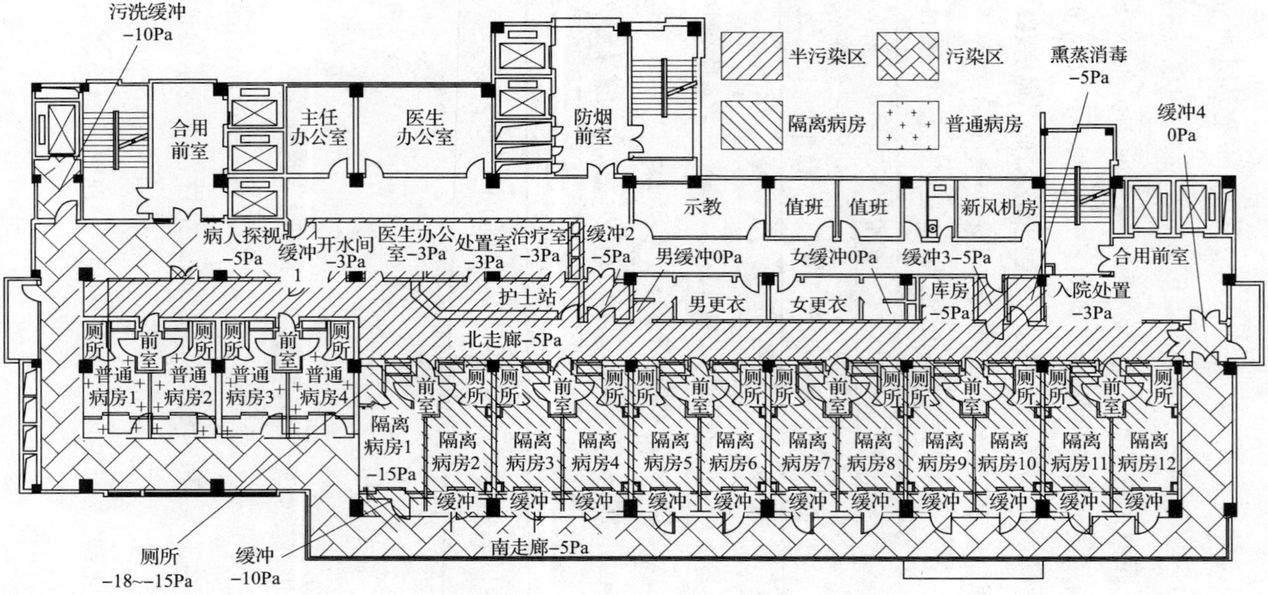

图 11-4 隔离病房区平面图

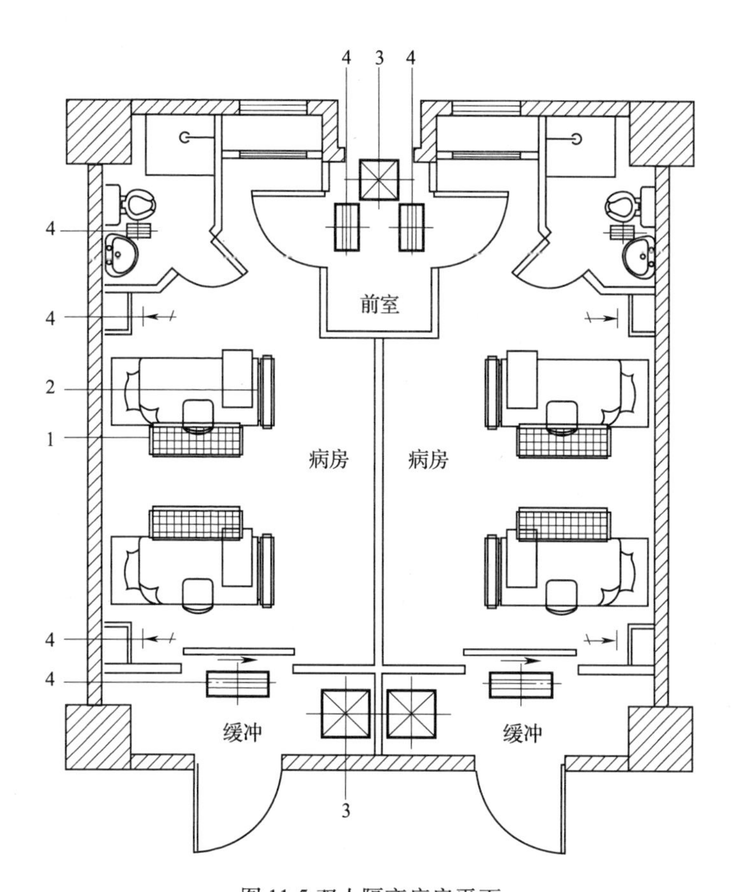

图 11-5 双人隔离病房平面

1—格栅主送风口；2—条形次送风口；3—亚高效送风口；

4—回（排）风口，内含无泄漏高效排风装置

厕所 －18 ~ －15Pa←病房 －15Pa←病房前缓冲室 －10Pa←内走廊 －5Pa←缓冲 0Pa←清洁区（正压）

图 11-6　压力梯度设置

3）病房设在一侧，辅房设在对面一侧，整齐划一，便于使用和控制污染。

4）前室通病房的门，方向应反过来，因为前室压力高于病房。

5）双人病房采用送风口集中于两床之间的布置，有利于控制污染散播。

6）由于排风口有零泄漏负压高效排风装置，所以可以切换成回风，因回风要经99.9999%以上滤菌效率过滤器过滤，过滤器边框又无泄漏，只有室内每立方米有几百万个至几千万个细菌时，回风才能有一个细菌通过，这一概率是极小的。

7）这一顶棚安装风机盘管的方式，应处理好万一仍有冷凝水的积存和排除问题。

参考文献

[1] 北京市地方标准．负压隔离病房建设配置基本要求 DB 11/663—2009

[2] 北京市地方标准 DB 11/409—2207．医院感染性疾病科室内空气卫生质量要求

[3] 许钟麟著．隔离病房设计原理．北京：科学出版社，2006

[4] 许钟麟编著．洁净室及其受控环境设计．北京：化学工业出版社，2008

[5] 许钟麟主编．洁净手术部建设实施指南．北京：科学出版社，2004